杨静　主编

老观念
＋
新思想，

养胎瘦孕食谱

黑龙江出版集团

黑龙江科学技术出版社

图书在版编目（CIP）数据

老观念＋新思想，养胎瘦孕食谱 / 杨静主编 . -- 哈

尔滨：黑龙江科学技术出版社，2017.7

ISBN 978-7-5388-9200-0

Ⅰ．①老… Ⅱ．①杨… Ⅲ．①孕妇－妇幼保健－食谱

Ⅳ．① TS972.164

中国版本图书馆 CIP 数据核字（2017）第 087849 号

老观念＋新思想，养胎瘦孕食谱

LAO GUANNIAN ＋ XIN SIXIANG, YANG TAI SHOU YUN SHIPU

主　编	杨　静
责任编辑	徐　洋
摄影摄像	深圳市金版文化发展股份有限公司
策划编辑	深圳市金版文化发展股份有限公司
封面设计	深圳市金版文化发展股份有限公司
出　版	黑龙江科学技术出版社

地址：哈尔滨市南岗区建设街 41 号　邮编：150001

电话：(0451)53642106　　传真：(0451)53642143

网址：www.lkcbs.cn　　　www.lkpub.cn

发　行	全国新华书店
印　刷	深圳雅佳图印刷有限公司
开　本	723 mm×1020 mm　1/16
印　张	10.5
字　数	120 千字
版　次	2017 年 7 月第 1 版
印　次	2017 年 7 月第 1 次印刷
书　号	ISBN 978-7-5388-9200-0
定　价	29.80 元

目录
Contents

Chapter

老观念 + 新思想
——陪你舒适快乐走过十月怀胎

Chapter

准备怀孕
——调好体质，迎接健康宝宝

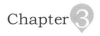

Chapter 3

孕初期 1~3 个月
——调整饮食，不错过胚胎形成关键期

Chapter 4

孕中期 4~6个月
——营养勿过剩，规划好宝宝体格发育关键期

Chapter 5

孕后期 7~9 个月
——均衡营养代谢，控制体重不超标

Chapter 6

产前 1 个月
——做好准备，迎接宝宝的到来

Chapter 7

产后 1 个月
——安心坐月子，照顾好宝宝也要照顾好自己

宝宝是爱赐予每个家庭无与伦比的礼物，

让老观念与新思想碰撞，碰撞出科学的观念，

科学怀胎，让准妈妈充分享受怀孕的喜悦！

科学养胎，让宝宝身心得到最大的舒展！

Chapter ①

老观念＋**新思想**

——陪你舒适快乐走过十月怀胎

·重视营养·

宝贝安胎妈妈养身

　　孕期的营养直接关系到准妈妈的身体健康和宝宝的生长发育状况，准妈妈不仅要吃饱，更要吃好，为了满足准妈妈和宝宝的需求，孕期的营养补充要全面而丰富，同时也要避免营养过剩。

孕期营养的重要性

　　孕期，准妈妈是一个人摄入营养，供应两个人的需求，不论缺乏哪一种必要的营养素都可能会引起不适或疾病，从而导致准妈妈和宝宝发生危险。

·准妈妈自身营养需求

　　怀孕后，准妈妈身体的负担增大，需要更多的体力来支撑身体，因此也需要从食物中获取更多的能量。此外，孕期血容量的增加、乳房的增大等都需要大量营养来维持。

·为分娩储备能量

　　孕期，准妈妈的身体要为分娩做准备。分娩是一项体力活，会消耗掉准妈妈的大量能量，而这些能量主要来源于孕期的营养储备，使得准妈妈在腹部、臀部和肩部堆积脂肪，保证生产时有足够的体力。如果能量不足，就会造成分娩困难，还会增大产后恢复的难度。

·胎儿的营养来源

　　孕期，宝宝的体重可达2.9~3.4千克，胎盘可达到0.6千克，还有羊水、脐带、胎膜等，都需要靠母体来提供营养物质。如果准妈妈的营养供应无法满足宝宝的需要，就无法为宝宝提供良好的生存环境，影响宝宝生长发育。

·哺乳需求

　　乳汁的分泌与产前、产后的营养供应都有关。孕期营养的补充，尤其是孕晚期的营养可以促进产后乳汁的分泌，使宝宝能尽早喝到母乳，还能提高母乳的质量。

养胎必需营养素

女性在怀孕过程中既要控制体重的增长，又要摄取足够的饮食满足宝宝的生长发育所需的营养。想要在孕期又瘦又养好胎，就需要了解养胎所必需的营养素。

蛋白质

蛋白质是人体所必需的营养素，宝宝的细胞、器官等的构建都需要蛋白质，它能帮助宝宝建造胎盘，促进宝宝的生长发育，尤其对宝宝的大脑发育有重要的影响。另外，蛋白质含有重要的氨基酸，如果准妈妈缺乏这种营养素，就会对子宫、胎盘和乳腺组织产生不良影响，还可能引发贫血、水肿、妊娠高血压等疾病。

脂肪

脂肪是宝宝大脑发育不可缺少的营养素，具有安胎的作用，准妈妈补充足够的脂肪可为宝宝提供一个良好的生长环境。如果准妈妈缺乏脂肪的摄入，就会造成必需脂肪酸的缺乏，而必需脂肪酸摄入过少，不仅会影响宝宝的智力和视力发育，还会增加准妈妈患妊娠高血压的风险。

叶酸

叶酸是一种水溶性维生素，在孕早期，可以为宝宝提供细胞发育过程中所必需的营养物质，是宝宝神经发育的关键营养素，对预防宝宝神经管缺陷和唇裂等先天性疾病具有重要作用。叶酸对准妈妈的身体也有很多益处，可以提高准妈妈的抵抗力，并能预防孕期心脏病、贫血和高血压等。

钙

钙是牙齿和骨骼的重要组成部分，还能参与神经、肌肉的活动，保护准妈妈的心血管，预防妊娠高血压，减轻孕期炎症和水肿等症状。缺钙会导致准妈妈易患骨质疏松，还会使情绪更加不稳定，直接影响宝宝的身高、体重、脊椎和四肢的发育，长期缺钙还会导致流产、骨盆畸形等。

铁

铁元素是构成红细胞的主要成分，具有固定氧和运输氧的功能。孕期血容量是平时的两倍，对铁的需求量大大增加，而且随着宝宝的不断发育，对铁的需求会越来越多。孕期缺铁会导致准妈妈出现缺铁性贫血，使身体的免疫力降低，出现头晕、心慌气短、乏力等症状，严重的可引发贫血性心脏病，还可导致宝宝出现宫内缺氧、生长发育迟缓，以及出生后智力低下。

卵磷脂

卵磷脂是细胞膜的重要组成部分，能够保证脑细胞的营养输入和废物排出，使脑细胞健康发育。卵磷脂还是神经细胞信息传递介质和大脑神经髓鞘的重要来源，也是重要的益智营养素，可提高人的思维敏捷性和注意力，并增强记忆力。孕期卵磷脂缺乏可导致宝宝机体发育异常，还会使准妈妈容易感觉疲劳、紧张、反应迟钝、失眠多梦、头晕头痛等。

维生素 A

维生素A可促进宝宝的视力发育，增强机体的抗病能力，对宝宝的循环系统和神经系统都有着重要的作用。维生素A还能保护宝宝的毛发、皮肤和黏膜等。准妈妈缺乏维生素A，可导致皮肤干燥、抵抗力下降等，还会影响宝宝的骨骼和皮肤系统的正常生长发育。

维生素 C

维生素C能增强机体的抗病能力，预防细菌感染。维生素C还能促进人体对钙、铁、叶酸的吸收，对孕期缺铁性贫血有很好的改善作用。孕期补充足够的维生素C还能促进宝宝皮肤、骨骼、牙齿的发育，预防发育不良。长期缺乏维生素C的准妈妈可导致牙龈出血、牙齿松动、骨骼脆弱等，严重的还可引起流产或胎膜早破。

孕期不同阶段的养胎关键

孕期的每个阶段准妈妈的身体和胎宝宝的生长发育都在变化中，需要的营养不同，养胎方法也应有所调整。

• 孕早期养胎关键

适量增加热量。怀孕后，准妈妈的能量消耗会大大增加，加上孕早期准妈妈的胃口不佳，摄入的食物有限，所以更要从主食如米饭、馒头中增加热量的摄入，以便有体力和精神调养好身体，度过尚不稳定的孕早期。

多吃蔬菜和水果。新鲜蔬菜和水果中含有大量孕期所需的维生素、膳食纤维等营养物质，既可满足身体需求，又能预防便秘、流产。

• 孕中期养胎关键

不挑食、偏食。宝宝的健康发育需要多种营养元素，如果准妈妈偏食或挑食，就容易造成营养摄入不均衡。准妈妈每样食物不用过多摄取，但一定要多样化。如果准妈妈长期偏食，就会造成营养不良，从而引发贫血等妊娠并发症。

忌暴饮暴食。暴饮暴食会使准妈妈体重增加过快，造成营养过剩，导致孕妇体内脂肪蓄积过多而肥胖。营养过剩还会使宝宝生长过快，导致巨大儿产生，影响以后的分娩。孕期脂肪过多，还可能大量增加宝宝的脂肪细胞，从而导致宝宝终身肥胖。

• 孕晚期养胎关键

防止营养不良。进入孕晚期准妈妈的胃口可能会有所下降，但不可因此而减少营养的摄入，以免引发胎盘早剥、前置胎盘和早产等问题。

控制盐分的摄入。准妈妈摄入盐分过多，会使心脏受损，有损肾脏功能，使排钠量相对减少，容易导致体内钠潴留，引起水肿。

避免食用刺激性食物。孕期准妈妈的内分泌会发生变化，食用刺激性食物，会造成肠胃不适，使消化功能紊乱，引起消化不良，还可能导致胃酸倒流，引起胃部不适。

养胎宜"老"，老观念老经验安全孕育

不少养胎的老观念是一代代人经验积累的结果，很多在实践中被证明是相当有效的，但在实际操作中也不可迷信或随意听信他人，而应坚持用安全科学的观念养胎，这样才能养好胎，应对孕期烦恼。

好好养胎，饮食生活多留意

怀孕后，准妈妈应比孕前更加关注生活保健和饮食调养，此时腹中的胎儿应该成为准妈妈关注的重点。准妈妈不必太过担忧孕后身体的变化，只要合理饮食，就能维持自身的正常体重，同时满足宝宝的营养需求。孕前有不良饮食习惯，如抽烟、喝酒、喝咖啡等，都应该远离，要合理调整饮食结构。生活中要注意保健，可适当运动，但不可过度，穿着要舒适，出门要注意安全等。

食物多样化，饮食要均衡

孕期的饮食，食物要多样化，有益的食物都应吃点，做到饮食均衡。因为孕期所需要的营养素主要从食物中摄取，如果食物种类摄入过少，营养就得不到满足。长期吃某几种食物，也会造成某几种营养成分过多，影响宝宝健康。只有补充全面、均衡的营养，才能保证身体各机能的正常运行，体重也不会超标。

孕妇应该多吃的食物

有些营养的需求贯穿整个孕期，准妈妈可以多吃点，只要不过量，对身体和宝宝的发育都十分有益。准妈妈可多吃奶制品、鸡蛋等富含优质蛋白质的食物；绿叶蔬菜、蛋黄等富含铁的食物；新鲜蔬菜和水果等富含维生素和矿物质的食物，还有平时也要适量吃主食，为身体提供足够的能量。

● 孕妇应该少吃或不吃的食物

孕期准妈妈的肠胃功能会有所下降，有些食物不利于消化吸收，并会对肠胃造成刺激，这些食物都应该少吃或不吃。准妈妈应该少吃或不吃的食物有：辣椒、油炸食品、茶、咖啡等刺激性食物；熏制和腌制等盐分多的食物；高油脂、高热量的动物油脂和西式快餐；罐头等含有防腐剂的食物；残留农药成分的食物和霉变食物。此外，如鹿茸、人参等大补食物也不应食用。

● 孕妇应该改掉不良饮食习惯

准妈妈孕前有偏食、暴饮暴食等习惯，喜欢吃特辣、特酸食物的习惯都要改掉。忌生冷食物，如冰激凌和未经过高温加热的食物，以免引起腹痛等不适。吃饭要养成细嚼慢咽的习惯，狼吞虎咽的习惯应尽早改过来，以免影响营养吸收。一日三餐要正常吃，可适当加餐。

● 选购食物应建立安全防线

购买包装食物时，应仔细看清生产日期和保质期，尽量选新鲜的食物。购买乳制品、鱼肉等生鲜食物时应在最后购买，让这些食物离开冷藏环境的时间短些，保持食物的新鲜。如果包装食物有漏气、损坏等痕迹就不要购买。蔬菜、水果买回来后，应彻底清洗干净，可以先用盐水浸泡一段时间，如果觉得有些水果无法清洗干净，可去掉果皮，以免上面残留农药成分。

● 孕期不应胡乱节食减肥

准妈妈的营养主要从食物中获取，胡乱节食减肥会导致食物摄入量不足，造成营养不良，影响准妈妈和宝宝健康。胡乱节食还可能造成孕期体重增长过慢或不增长，无法为宝宝提供正常的发育环境，还会引起疾病。孕期合理调节饮食和适当运动，对产后恢复是十分有利的，不必刻意减肥。

养胎宜 "新"，新思想新理念科学孕产

如今，养胎已不仅局限于营养的补充，在注重外表的时代潮流下，怀孕也要瘦的思想越来越受到女性的青睐。传统的养胎方式更注重准妈妈和宝宝的健康，而新思想下的养胎除了这一点外，还会从多方面教准妈妈合理控制体重。

新思想

● "享"瘦孕，控体重

孕期既要控制体重，又要保证宝宝的营养供应，对不少准妈妈来说，要做到这一点并不容易。不过，只要掌握了正确方法，便可将孕期的体重轻松控制在正常范围内。

· 制定健康的饮食计划

孕期要制定科学合理的饮食计划，注意营养均衡，不可挑食，饮食应多样化。不要暴饮暴食，坚持少吃多餐的饮食原则，多吃新鲜蔬菜和水果，少吃高热量、高脂肪的食物。如果有必要，可以记下每日饭餐摄入的热量和卡路里，保证每日食物的摄取量不超标。

· 每天量体重

超标的体重并不是一两天长出来的，这其中有一个过程。如果长时间不称体重，就无法知道到底增加了多少，也没有办法采取措施补救。每天量体重可以密切监测体重的变化，预防体重增长过快或过慢。

· 少吃零食

零食热量高，营养低，不少是垃圾食品，是引起孕期肥胖的重要原因。准妈妈平时应少买零食，尤其是不能用零食代替正餐。想吃零食时，可以准备一些水果，用来代替零食，防止摄入过多的热量和占据胃部空间，导致正餐的摄入量减少。

· 适当锻炼身体

孕期的锻炼可增强体质，预防疾病，对控制体重也极有好处。适当锻炼可以促进准妈妈的新陈代谢，帮助消耗体内多余的脂肪，将体重的增长维持在正常范围内。准妈妈平时可以通过适当散步、练瑜伽和游泳等方式来锻炼身体。

做好饮食规划，合理增重

由于宝宝生长发育的速度不同，营养需求也不同，因此孕期每个阶段的体重增长也不同。每个阶段的体重增长都有一个合理的范围，为了健康着想，准妈妈应将自己的体重控制在这个范围内。

· 孕早期

孕早期的准妈妈大多都有孕吐和没有食欲等反应，这时不应特意控制体重，应尽量增加食欲，补充营养。

建议准妈妈增重1.0~1.5千克。

· 孕中期

饮食要均衡，忌吃油炸等高热量和高脂肪的食物，适当锻炼，并控制体重增长，预防肥胖。

建议准妈妈体重每周增重0.25~0.35千克，总体重的增加应控制在4~6千克。

· 孕晚期

孕晚期是准妈妈体重增长很快的阶段，要注意少吃多餐，继续坚持适当的锻炼，体重应控制在正常范围内，以免造成分娩困难。

准妈妈每周体重增长应不超过0.5千克，本阶段的总体重增加量应控制在5千克左右。

均衡饮食，只补该补的

孕期需要大量营养，但不按需补充，摄入的食物和营养过多，就会造成营养过剩，不仅对准妈妈和宝宝健康无益，还会造成准妈妈孕期体型严重变形。为了有足够营养的同时，维持孕期正常体重，应吃对食物。

饮食均衡要求准妈妈不挑食、不偏食，综合选用多种食物，荤素搭配要合理，粗细搭配也要恰当，以免某些营养摄入不足而影响健康。

老观念里，不少人认为准妈妈吃得越多越好，孕期越胖代表营养越充足，其实这是错误的观点。孕期只有吃对食物，补充人体需要的营养，才能被人体吸收和满足宝宝的需求，才能在身体健康的状态下，维持正常的体重。乱吃只能增加肠胃负担和造成脂肪堆积，引起肥胖。

老观念 VS 新思想，听听医生怎么说

老祖宗流传下来的经验并非都有理，新的孕育理念也并非全都适合自己。如果你正憧憬着拥有一个健康、活泼、聪明、可爱的小宝宝，那么你就应该根据自己的实际情况，不偏不倚，去粗取精，做到优生优育。

婚后赶紧要小孩 VS 怀孕前做好计划

怀孕前一定要做好准备，这样才能以最佳的身体状态迎接宝宝的到来。一般来说，女性适宜在24~27岁生育，最好不要超过30岁。受孕时间可选择春季或秋季。如果能算好排卵期，并在排卵期受孕，则精卵质量更佳。

怀孕后胖点好 VS 孕期不能太胖

准妈妈一定是胖点好吗？其实不然。诚然，怀孕了就应该好好养胎，补充宝宝身体发育和妈妈自身健康所需要的全部营养，但这并不等于就要大补特补，养得很胖。孕妇营养过剩或过于肥胖容易引发妊娠并发症，增加难产概率。

吐了更要多吃 VS 少吃或不吃就不会吐

恶心呕吐、食欲不振等现象是孕初期很常见的妊娠反应。少吃或不吃不但不能减轻呕吐，而且还会导致准妈妈身体缺乏营养供给，对母婴都不利。妊娠反应较强时，孕妇依然要坚持进食，不必拘泥于一日三餐的约束，想吃就吃，少量多餐，少吃油腻和刺激性强的食物。

怀孕后躺着养胎 VS 要适度运动

现代医学研究证明，孕妇不仅可以而且必须进行一些适当的活动，这样可以促进胎儿的发育，增强孕妇的体质，避免肥胖，并减少抑郁情绪。但是运动一定要合理，在身体状况允许的情况下进行，若有流产或不适现象，则应咨询医生，切勿随意运动。

怀孕之后别化妆 VS 孕妇也要美美的

怀孕之后并不等于完全要与化妆品"隔离"。女性在怀孕期间，有些化妆品确实是禁止使用的，比如染发剂、口红、指甲油、美白产品等。但有一些孕妇产品准妈妈需要使用，比如孕妇专用的面霜，可以帮助孕妇保养皮肤。

宠物猫要送走 VS 现在的猫猫很干净

在猫的身上有一种叫作"弓形虫"的寄生虫，孕妇怀孕后如果与猫接触过密，则可能被这种寄生虫感染，导致流产或死胎。现在的宠物猫虽然会定期打疫苗，卫生也较好，不过依然存在一定的风险。谨慎起见，还是需要避免与猫接触过多。

坐月子不能洗头洗澡 VS 要注意个人卫生

产妇产后及时清洁身体可以帮助解除分娩疲劳，预防感染，促进恢复。如果产妇无伤口及切口，夏天2~3天、冬天5~7天即可淋浴，洗澡水温宜保持在35~37℃，洗澡时间控制在5~10分钟，洗完后要迅速擦干并穿好衣服，头发要吹干。如果会阴伤口大或撕裂伤严重、腹部有刀口，则必须等伤口愈合后再洗淋浴，可先做擦浴。

坐月子要大补 VS 跟平时一样吃就好

坐月子涉及到产妇的身体恢复和母乳喂养，所以饮食要尽量全面均衡，多吃富含蛋白质、矿物质、维生素的食物，多喝鸡汤、肉汤、鱼汤等补身汤水。但月子期也不能补过头，这样很容易造成肥胖，影响产后身材的恢复。

月子要卧床休息 VS 要适当运动

月子期间单纯卧床休息对产妇来讲有害无益，产后进行适当的活动，产妇身体才能较快恢复。体质较好的产妇，如果生产过程中没有手术助产、阴道撕裂等特殊情况，产后出血量少，24小时后即可起床做轻微活动，产后3天还可以适当做一些简单体操，有助于促进新妈妈产后恢复。剖宫产的产妇可适当推迟活动时间。

为了生育一个健康、聪明、活泼、可爱的宝宝，备孕夫妻在怀孕前3个月就应该开始调整饮食，力争做好全面充分的准备。

快来看看「老观念」和「新思想」在备孕方面是怎么说的吧！

Chapter 2

—调好体质，迎接健康宝宝

准备**怀孕**

这样吃就对了

大多数人都知道孕期营养对胎儿的健康成长十分重要，其实孕前的营养对于优生也非常重要。为了生一个健康的孩子，备孕夫妇应该从孕前3个月就调整饮食，以提高精子、卵子的质量。

● 夫妻饮食调养一样重要

父母的健康是宝宝健康的基础。丈夫有良好的营养状况，才能产生足够数量和良好质量的精子；妻子有良好的营养状况，才有可能为胎儿的生长发育提供一个良好的环境。为了保证母婴健康，应当从准备怀孕前3个月就开始调整夫妻双方的营养。不同身体状况与素质的夫妇最好根据自己的实际情况，有的放矢地补充所需要的营养物质，并改掉不良的饮食习惯。

● 三餐正常，均衡摄取营养

三餐饮食要正常，尽量在家里自己做饭吃，减少外出吃饭的机会，这样既能保证营养，又比较卫生和安全，减少了准爸爸和准妈妈感染疾病的机会。在家做饭的时候尽量做到均衡摄取营养，不偏食、不挑食，每一餐最好都要有饭、有菜、有肉，各类食物都要吃一些。要知道，至今还找不到哪一种天然的食品可以包含人体所需要的全部营养。

● 戒烟、戒酒

怀孕前，如果夫妻双方或一方经常吸烟，会影响精子或卵子的健康发育；怀孕后，孕妇体内的胎儿极易出现宫内发育畸形、生长缓慢。同样的，夫妻一方或双方经常饮酒，不仅影响精子或卵子的发育，造成精子或卵子畸形，受精后形成异常受精卵，而且还会影响受精卵的顺利着床和胚胎发育，严重的还会出现流产。因此，为了能够孕育一个健康聪明的宝宝，准备怀孕的夫妻务必在计划怀孕的6个月之前开始戒烟、戒酒。

吃出温暖易孕体质

温暖的环境是孕育生命的首要条件。想要成为一个散发好气色、拥有好身材的美丽孕妈，拥有温暖的好"孕"体质必不可少。温暖的体质会让备准妈妈更容易怀孕，对优生优育非常重要，而且还能让你的孕期更为舒适。

从孕前 3 个月开始重视营养储备

孩子出生后的体质和智力的高低，很大程度上取决于其在胎儿时期所得到的营养是否充足、均衡。胎儿期营养不良所造成的免疫功能低下和贫血，不易为出生后正常喂养所扭转。因此，孕前营养很重要。要保证孕期营养，应至少从怀孕前3个月就开始积极储备。

学会摄取优质蛋白质的方法

鱼、蛋、肉含有丰富的优质蛋白质，但若烹饪方法不当，蛋白质极易在烹饪过程中被破坏。推荐一个摄取优质蛋白的方式，就是到市场买新鲜的肉，切片，用滚水烫到肉熟后捞起，撒点盐或蘸姜汁酱油食用，遵循"做法愈简单愈好、烹调时间不超过15分钟"的原则。

除水果之外，不摄取生食

水果富含各种维生素和微量元素，备孕期可以适当多吃，以保证身体的需要。但是除了水果之外，最好不要吃其他生冷的食物。在中医养生中，女性体质属阴，不可以贪凉。吃了过多寒凉、生冷的食物后，会消耗阳气，导致寒邪内生，侵害子宫，不利于怀孕。

多吃可以帮助身体排毒的食物

人体每天都会通过呼吸、饮食和皮肤接触等方式从外界接收有毒物质，日积月累，毒素就会在身体内部不断积蓄，对孕妇来说这种危害更为严重。备孕期，夫妻双方可以多吃能够帮助人体排出毒素的食物，如动物血、新鲜蔬果汁、海藻类食物、韭菜、豆芽等。

必需营养素 & 明星食材

优质蛋白质	摄入量： 每天80克	明星食材： 鱼类、肉类、奶酪、蛋、豆类、牛奶、豆制品

叶酸	摄入量： 每天400微克	明星食材： 猪肝、黄豆、奶白菜、豌豆苗、上海青、鸡腿菇、榴梿、鸡蛋

维生素 E	摄入量： 每天10~20毫克	明星食材： 鱼肝油、葵花子油、核桃油、大豆油、花生油、橄榄油、玉米油

维生素 D	摄入量： 每天5微克	明星食材： 鱼肝油、深海鱼类、动物肝脏、樱桃、番石榴、红椒、柿子

维生素 C	摄入量： 每天60毫克	明星食材： 柑橘类水果、草莓、猕猴桃、木瓜、绿叶蔬菜、菜花、土豆

锌	摄入量： 每天20毫克	明星食材： 火腿、山核桃、牛里脊肉、海蟹、羊肉、猪里脊肉、麦片

碘	摄入量： 每天175微克	明星食材： 裙带菜、紫菜、海带、叉烧肉、开心果、火鸡腿、乌鸡蛋

钙	摄入量： 每天800毫克	明星食材： 豆浆、牛奶、酸奶、肉类、猪骨、芝麻、海带、鸡蛋、虾米、芹菜

蒜泥海带丝

原料

水发海带丝 240 克，胡萝卜 45 克，熟白芝麻、蒜末各少许

调料

盐 2 克，生抽 4 毫升，陈醋 6 毫升，蚝油 12 毫升

做法

1　将洗净去皮的胡萝卜切薄片，再切细丝，备用。

2　锅中注入适量清水烧开，放入洗净的海带丝，搅散，用大火煮约 2 分钟，至食材断生后捞出，沥干水分，待用。

3　取一个大碗，放入焯好的海带丝，撒上胡萝卜丝、蒜末，加入少许盐、生抽，放入适量蚝油，淋上少许陈醋，搅拌均匀，至食材入味。

4　另取一个盘子，盛入拌好的菜肴，撒上熟白芝麻即成。

扫扫二维码
轻松同步做美味

凉拌芦笋

扫扫二维码
轻松同步做美味

原料

芦笋250克，红椒
15克，蒜末少许

调料

盐3克，生抽6毫
升，鸡粉、芝麻油、
食用油各适量

做法

1　将洗净的芦笋去皮，切成2厘米长的段。

2　红椒对半切开，去子切段。

3　锅中注水烧开，加入少许食用油，倒入芦笋和红椒，煮
　　约1分钟至熟，捞出。

4　取一个大碗，倒入芦笋和红椒，倒入少许蒜末，加入适
　　量鸡粉、盐、生抽，淋入少许芝麻油，拌匀，将拌好的
　　食材装入盘中即可。

松仁玉米

原料

玉米、黄瓜各70克，松仁20克，胡萝卜50克，牛奶30毫升

调料

盐2克，白糖3克，水淀粉4毫升，食用油适量

做法

1. 洗净的黄瓜对半切开，切成条，再切丁。
2. 洗净去皮的胡萝卜切条，再切丁。
3. 锅中注水烧开，倒入胡萝卜、玉米，搅拌煮沸，再加入黄瓜，汆至断生，将食材捞出，沥干水分，待用。
4. 热锅注油烧热，倒入汆好的食材，翻炒，倒入牛奶，加入盐、白糖，加入水淀粉，快速翻炒收汁，将炒好的菜装入盘中。
5. 用油起锅烧热，倒入松仁，翻炒出香味，关火，将炒好的松仁浇在玉米上即可。

扫扫二维码
轻松同步做美味

肉末炒菠菜

原料

菠菜150克，猪肉末60克，红椒粒30克，葱花、蒜末各少许

调料

盐、鸡粉各2克，生抽、水淀粉各4毫升，食用油适量

做法

1. 洗净的菠菜切成均匀的长段。
2. 锅中注水烧开，倒入菠菜段，拌匀，煮至断生，将菠菜段捞出，沥干水分，待用。
3. 用油起锅，倒入猪肉末，翻炒至转色，倒入蒜末、葱花，翻炒出香味，放入菠菜段、红椒粒，翻炒均匀。
4. 淋入生抽，加入少许清水，放入盐、鸡粉，再放入水淀粉，快速翻炒匀。
5. 关火，盛出炒好的菜肴，装盘即可。

扫扫二维码
轻松同步做美味

滑蛋牛肉

原料

牛肉100克，鸡蛋2个，葱花少许

调料

盐4克，水淀粉10毫升，鸡粉、食粉、生抽、味精、食用油各适量

做法

1 洗净的牛肉切薄片，装入碗中，加入少许食粉、生抽、盐、味精，拌匀，加少许水淀粉，拌匀，再倒入少许食用油，腌渍10分钟。

2 鸡蛋打入碗中，加少许盐、鸡粉、水淀粉，搅匀。

3 热锅注油，烧至五成热，倒入腌渍好的牛肉，滑油至转色，将牛肉捞出备用。

4 把牛肉倒入蛋液中，加葱花，搅匀。

5 锅底留油，烧热，倒入蛋液，煎片刻，快速翻炒匀，至熟透。

6 将炒好的菜肴盛出，装盘即成。

银芽爆鸡丝

原料

绿豆芽、鸡胸肉各200克，红椒45克，葱段、蒜末、姜末各适量

调料

盐、鸡粉各2克，料酒、水淀粉各5毫升，食用油适量

做法

1　洗净的鸡胸肉切片，再切丝。

2　洗好的红椒去柄，对半切开，去子，切丝。

3　将鸡肉丝装碗，加入1克盐、1克鸡粉，放入料酒、水淀粉，拌匀，腌渍10分钟至入味。

4　热锅注油，烧至七成热，倒入鸡肉丝，炸至外表微黄，捞出，沥干油分，装碗待用。

5　用油另起锅，倒入葱段、蒜末和姜末，爆香，放入红椒丝，炒匀，倒入绿豆芽，翻炒半分钟至断生，加入鸡肉丝，翻炒均匀，加入1克盐、1克鸡粉，炒匀调味。

6　关火后盛出菜肴，装盘即可。

扫扫二维码
轻松同步做美味

虾皮拌小葱

原料

葱100克，干辣椒5克，虾皮20克

调料

盐2克，鸡粉1克，生抽5毫升，芝麻油、食用油各适量

做法

1　洗净的葱切成3厘米长的段。

2　将切好的葱装入盘中，备用。

3　锅中加入适量清水烧开，倒入虾皮，煮约2分钟至熟，把煮好的虾皮捞出。

4　用油起锅，倒入虾皮，放入干辣椒，炒香，加入少许清水，加适量生抽、鸡粉、盐，炒匀，将炒好的材料盛出装碗。

5　取一个干净的碗，把葱段倒入碗中，加入虾皮和干辣椒，拌匀，淋入芝麻油，用筷子拌匀。

6　将拌好的材料装入盘中即可。

扫扫二维码
轻松同步做美味

海带紫菜瓜片汤

原料

水发海带200克，冬瓜肉170克，水发紫菜90克

调料

盐、鸡粉各2克，芝麻油适量

做法

1. 将洗净的冬瓜肉去皮，再切片。
2. 洗好的海带切成细丝，待用。
3. 砂锅中注入适量清水烧开，放入冬瓜片，倒入海带丝，搅散，大火煮沸，盖上盖，转中小火煮约10分钟，至食材熟透。
4. 揭盖，倒入紫菜，搅散，加入盐、鸡粉，搅匀，放入芝麻油，续煮一会儿，至汤汁入味。
5. 关火后将煮好的汤盛入碗中即可。

扫扫二维码
轻松同步做美味

口蘑炖豆腐

扫扫二维码
轻松同步做美味

原料

口蘑170克，豆腐180克，姜片、葱碎、蒜末各少许

调料

盐、鸡粉各1克，胡椒粉2克，老抽2毫升，生抽、水淀粉各5毫升，蚝油3毫升，食用油适量

做法

1 洗净的豆腐横刀从中间切开，切三段，再把每段对切开，成三角状。

2 口蘑切片，倒入沸水锅中，余烫1分钟至断生，捞出，沥干水分，装盘待用。

3 用食用油起锅，倒入葱碎、姜片和蒜末，爆香，放入口蘑片，翻炒数下，加入蚝油、生抽，翻炒均匀，注入少许清水至没过锅底，倒入切好的豆腐，搅匀，加入盐。加盖，炖15分钟至食材熟软。

4 加入鸡粉、胡椒粉、老抽，搅匀调味，加入水淀粉，轻晃炒锅，稍煮片刻至入味收汁，关火后盛出装盘即可。

糙米牛奶

原料

牛奶60毫升，水发糙米170克，香草粉、抹茶粉、肉桂粉各15克

调料

盐、白糖各2克，食用油适量

做法

1　取出洗净的榨汁杯，放入泡好的糙米，注入约150毫升凉开水，加入盐、白糖，淋入少许食用油，盖上盖，将榨汁杯安在榨汁机上，榨约30秒成糙米汁。

2　锅置火上，倒入糙米汁，用中小火煮至微开，倒入肉桂粉，搅拌均匀。

3　注入约500毫升清水，稍煮2分钟，边煮边搅拌，倒入牛奶，搅匀，放入香草粉，搅拌均匀，续煮1分钟。

4　关火后盛出煮好的糙米牛奶，装入杯中，放上抹茶粉即可。

扫扫二维码
轻松同步做美味

怀孕前这样做就对了

除了饮食上需要多加注意，好好调养之外，准备要孩子的准爸爸和准妈妈们还要在身体方面多多留意。只有把身体调整到最佳状态，才能真正做到健康优生。

太胖或太瘦都不利于受孕

女性太胖或太瘦都是由于体内营养不均衡或缺乏锻炼导致的，对于准备怀孕的女性来说，体重严重超标，或者过于消瘦，都不利于受精卵的着床和健康成长，应在孕前积极调整自己的体重，给宝宝一个优质的生长空间。

算一算排卵日，怀孕更容易

一般而言，准妈妈的排卵日是在下次月经来潮前的12~16天（平均为14天）。可以根据以往8~12个月以上的月经周期记录，推算出目前周期中的排卵日。

易孕期第一天
=最短一次月经周期天数－18天
易孕期最后一天
=最长一次月经周期天数－11天

优孕检查，备孕夫妻都要做

在备孕阶段，夫妻双方都要通过孕前检查来确定目前的健康状况是否良好，包括有无营养不良、贫血、肝病、肾病、生殖器官疾病以及对怀孕有不良影响的其他疾病等，以便及时给予治疗。

过敏体质者要选好怀孕时机

过敏体质者最好能够选择一个不易过敏的时机来怀孕，而不是盲目怀孕。例如对花粉过敏者，不宜在春天怀孕。另外，可以将身边可能存在的过敏源，如动物皮毛、灰尘、霉菌等清理掉之后再考虑怀孕。

有妇科疾病者应先治病

有些妇科疾病是怀孕前一定要治疗好的，否则会影响怀孕的效果，或是增大孕期并发其他疾病的概率，如阴道炎、子宫肌瘤等。因此，有妇科疾病的女性应先治疗疾病，再在医生的指导与监护下怀孕与分娩。

营造好"孕"环境

生活环境方面，居室应清洁安静、阳光充足，并保持冷暖适宜、空气新鲜流通，还应创造无烟环境。在备孕和怀孕期间，必须远离化学药剂，除了杀虫剂等有强烈气味的化学用品等，还要避免在新装修的场所出入。

妊娠早期是胎儿从受精卵经有丝分裂到各器官分化形成的阶段，很大一部分准妈妈会被妊娠反应所困扰着。

为了胎宝宝的发育，应借助老观念与新思想指导孕早期饮食，科学养胎。

Chapter 3

—— 孕初期1～3个月
—— 调整饮食，不错过胚胎形成关键期

妈咪宝贝共同成长日记

Baby

宝宝发育状况

孕 1 月

→ 卵子经过第一轮的"淘汰赛"后脱颖而出，与精子结合，形成受精卵。

→ 胚胎在子宫内着床，胎宝宝心脏开始跳动。

→ 原始的胎盘形成，胎膜（绒毛膜）开始发育。

→ 受精卵不断分裂，一部分形成神经组织，一部分形成大脑，并开始发育。

孕 2 月

→ 胚胎的形状从"小海马"发育成"葡萄"，长约2.5厘米。

→ 主要器官开始生长，如肾脏、肝脏，神经系统发育，并开始具备明显的特征。

→ 心脏开始成形，分化为左心房和右心室，并有规律地跳动和供血。

→ 面部五官继续发育，胚胎可能会有轻微的转动，但不易察觉。

孕 3 月

→ 此时的胚胎已经可以称之为胎宝宝了，身长可达6.5厘米，初具人形。

→ 皮肤变厚，手臂加长，可以辨认指甲、嘴唇、脸颊、鼻子、脚踝等明显的部位。

→ 所有的神经肌肉器官都开始工作了，外生殖器官分化，可分男女。

→ 各种器官基本形成，维持生命的器官已经开始工作，如肝脏开始分泌胆汁，肾脏分泌尿液等。

妈妈身体变化

孕 1 月

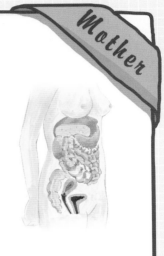

→ 母体排卵期开始后，卵子一般在排出15~18小时受精效果最好。

→ 卵子与精子结合后，新生命开始了。

→ 一般准妈妈无自觉症状，少数人可能会有发寒、发热、慵懒困倦及难以入睡等轻微的不适。

→ 子宫内膜受到卵巢分泌的激素影响，变得肥厚松软且富有营养。

孕 2 月

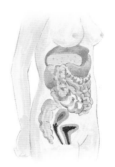

→ 子宫会随着胚胎的发育而有所增大，但外形变化还不明显。

→ 由于雌激素与孕激素的刺激作用，乳房开始出现胀痛、变大变软、乳晕突出等现象。

→ 伴随胃部不适、食欲不振、恶心呕吐、尿频等反应，部分准妈妈还会出现嗜睡、头晕等不适。

→ 有的准妈妈会出现情绪波动。

孕 3 月

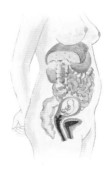

→ 妊娠反应仍在继续，到本月末可能会逐渐减轻，直至消失。

→ 子宫不断扩张，子宫底到达耻骨联合上2~3横指处。

→ 腰围增加，腰部有压迫感，同时乳房也在胀大，乳晕、乳头出现色素沉着。

→ 阴道乳白色分泌物明显增多，部分准妈妈出现便秘、腹泻等现象。

补足营养，安心养胎

老观念

孕早期是十个月孕程的初期，也是胚胎形成的关键时期，大多数准妈妈会出现孕吐、乏力等妊娠反应，切实感受到胎宝宝的存在。为了让胎宝宝顺利生长，在此期间的饮食营养补充至关重要。

● 保证均衡的营养

在孕初期，胚胎尚在形成中，其所需的营养是直接从子宫内膜储存的养料中获得的，而子宫内膜所含营养的状况是准妈妈在孕前就形成的，因此母体和胚胎对于各种营养素的需求量比孕中、晚期相对较少，准妈妈的饮食量比平时增加10%~20%即可，尽可能保证营养均衡、全面，让身体达到良好的营养状态，从一开始就为胚胎的形成和发展做好必要的营养储备。

● 坚持少食多餐

孕初期是早孕反应开始出现也较为严重的时期，孕吐会影响准妈妈的胃口，因此，准妈妈可以采取少食多餐的饮食原则，例如一天吃5~6餐，每次不要吃得过多，并尽量选择易于消化和吸收的食物，如烤面包、饼干、稀饭及营养粥等。这样既能缓解孕吐，又能及时补充身体所需的营养物质。

● 饮食清淡少吃盐

清淡的饮食不仅易于消化，而且能有效缓解孕吐。从怀孕开始，准妈妈就要减少食盐的摄入量了。因为食盐中含有大量的钠，在孕期，准妈妈的肾脏功能有所减退，排钠量相对减少，易导致电解质紊乱，引起血压升高，导致心脏功能受损。如果过量吃盐，血液中的钠会由于渗透压的改变，渗入组织间隙，形成水肿。正常情况下，准妈妈每日的摄盐量以5克为宜。

孕期不能大开"吃"戒

老观念固然有可取之处，但是新思想同样在养胎瘦孕的过程中发挥着不可替代的作用。对于一部分准妈妈来说，在得知自己怀孕后，立刻开始加大饮食量，大吃特吃，认为吃得越多对胎儿越好，其实这是不科学的。

根据自身的体质状况安排饮食

孕初期，胎儿的发育过程中营养素需要量不大，因此准妈妈根据自身的体质状况安排饮食即可，若孕前体质和营养状况良好，无须特意加强营养；若孕前体质欠佳，则应及早改善营养状况。

用公式助你摄取适量的优质蛋白质

在养胎瘦孕的过程中，优质蛋白质扮演着重要的角色，他会随着孕周的增加而不断调整摄入量。在怀孕初期，蛋白质的摄入量只要维持和孕前相同即可，可以采用下面的公式进行计算，即（身高-110）x3.75克=你需要的蛋白质。掌握了这个公式之后，将一天所需的蛋白质按照2：2：1的比例分配在三餐中即可。

坚持写饮食日记

坚持写饮食日记能帮助准妈妈了解自己的孕期饮食习惯，并积极做出改进，这对于维持健康的营养状况、控制孕期的体重增长大有裨益。写饮食日记时，要吃完一顿就记录下来，不要拖延。

重视饮食质量

怀孕的前三个月是胎宝宝大脑和骨骼发育的初期，因此营养补充不仅要重视数量，质量也要兼顾，准妈妈尤其应重视补充卫生达标、营养价值高、配比合理的食物。

必需营养素&明星食材

蛋白质

摄入量：
每天80~85克

明星食材：
鸡蛋、黄豆、牛奶、奶酪、猪肉、鸡肉、鱼肉、豆腐

糖类

摄入量：
每天150克

明星食材：
大米、小麦、燕麦、胡萝卜、红薯、苹果、草莓、甘蔗

叶酸

摄入量：
每天400微克

明星食材：
猪肝、鸡肝、土豆、莴苣、芹菜、菠菜、香蕉、柠檬

维生素A

摄入量：
每天1.2毫克

明星食材：
鸡肝、猪肝、胡萝卜、西红柿、白萝卜、牛奶、鸡蛋、鱼肝油

维生素B_6

摄入量：
每天2.2毫克

明星食材：
鸡肉、鱼肉、鸭肝、蛋黄、燕麦、糙米、核桃、花生

卵磷脂

摄入量：
每天1500毫克

明星食材：
蛋黄、黄豆、鳗鱼、玉米油、葵花子油、鸡肝、猪肝、木耳

钙

摄入量：
每天800毫克

明星食材：
牛奶、酸奶、奶酪、黄豆、西蓝花、花生、鱼肉、虾皮

镁

摄入量：
每天320毫克

明星食材：
蛋黄、牛肉、猪肉、河虾、花生、芝麻、香蕉、豆腐

陈皮瘦肉粥

原料

水发大米200克，水发陈皮丝5克，瘦肉20克，姜丝、葱花各少许

调料

盐2克，鸡粉3克

做法

1　洗净的瘦肉用横刀切片，再切成丝，改切成碎末，装盘备用。

2　砂锅中注入适量清水烧开，倒入洗净的大米，盖上盖，用大火煮开后转小火煮10分钟。

3　揭盖，放入备好的陈皮丝，拌匀，盖上盖，续煮30分钟至食材熟软。

4　揭盖，加入瘦肉末，拌匀，倒入姜丝，搅拌匀，盖上盖，续煮15分钟至食材熟透。

5　揭盖，撒入葱花，加入盐、鸡粉，拌匀。

6　关火后盛出煮好的粥，装入碗中即可。

扫扫二维码
轻松同步做美味

037

胡萝卜嫩炒长豆角

扫扫二维码
轻松同步做美味

原料

长豆角130克，去皮胡萝卜100克

调料

盐、白胡椒粉各3克，椰子油5毫升，白葡萄酒3毫升

做法

1　洗净去皮的胡萝卜修整齐切片，再切成丝。

2　洗净的长豆角拦腰切断，切去尾部，改切成等长段。

3　热锅注入椰子油烧热，倒入胡萝卜、长豆角，炒匀，注入适量的清水，拌匀，煮至沸腾。

4　加入白葡萄酒、盐、白胡椒粉，充分拌匀至入味，将炒好的菜肴盛入盘中即可。

白灼木耳菜

原料

木耳菜400克，姜丝、红椒丝各8克，大葱丝10克

调料

盐2克，食用油、蒸鱼豉油各适量

● 做法

1 锅中注入适量清水，大火烧开，加入盐、食用油，搅拌匀，倒入择洗好的木耳菜，拌匀，煮至断生，将木耳菜捞出，沥干水分。

2 将木耳菜装入盘中，放上大葱丝、姜丝、红椒丝。

3 热锅注入少许食用油，烧至八成热，将热油浇在木耳菜上，淋上蒸鱼豉油即可。

扫扫二维码
轻松同步做美味

炒红薯玉米粒

原料

玉米粒135克，去皮红薯
120克，去子圆椒、枸杞
各30克

调料

盐、鸡粉各1克，水淀粉
5毫升，食用油适量

做法

1 去皮红薯切厚片，切粗条，再切丁。

2 洗净去子的圆椒切条，再切丁。

3 沸水锅中倒入切好的红薯丁，氽烫约2分钟，倒入洗净
的玉米粒，氽烫约1分钟至食材断生，捞出氽烫好的食
材，沥干水分，装盘。

4 用油起锅，倒入氽烫好的食材，翻炒约半分钟，放入圆
椒丁、枸杞，炒匀，注入少许清水，搅匀，稍煮1分钟
至食材熟软。

5 加入盐、鸡粉，炒匀调味，用水淀粉勾芡，炒至收汁。

6 关火后盛出菜肴，装盘即可。

珍珠彩椒炒芦笋

扫扫二维码
轻松同步做美味

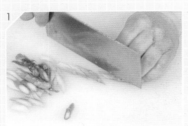

原料

去皮芦笋75克，水发珍珠木耳110克，彩椒50克，干辣椒10克，姜片、蒜末各少许

调料

盐、鸡粉各2克，料酒5毫升，水淀粉、食用油各适量

做法

1　洗净去皮的芦笋切段，备用。

2　洗好的彩椒切粗条，待用。

3　锅中注入适量清水烧开，倒入洗净的珍珠木耳、芦笋段、彩椒条，焯至断生，盛出焯好的食材，沥干水分，装入盘中待用。

4　用油起锅，放入姜片、蒜末、干辣椒，爆香，倒入焯好的食材，淋入料酒，炒匀，注入适量清水，加入盐、鸡粉、水淀粉，翻炒约3分钟至熟，盛出炒好的菜肴，装入盘中即可。

生滚鱼片粥

原料

生菜、鱼片各50克，
水发大米100克，
葱花3克，姜片适量

调料

盐、鸡粉各2克，食
用油适量

做法

1 择洗好的生菜切成小段，待用。

2 鱼片装入碗中，放入盐、姜片、鸡粉，再注入食用油，
   拌匀，腌渍半小时。

3 备好电饭锅，倒入泡发好的大米，再注入适量清水，盖
   上盖，按下"功能"键，调至"米粥"状态，煲煮2小
   时，待大米煮好后，按下"取消"键。

4 打开锅盖，依次加入生菜、鱼片，搅拌均匀，盖上盖，
   调至"米粥"状态，再焖5分钟，待时间到，按下"取
   消"键，加入备好的葱花，搅拌片刻，将煮好的粥盛
   出，装入碗中即可。

鸡汁上海青

原料

上海青400克，鸡汁适量

调料

盐、味精、白糖各3克，水淀粉10毫升，食用油适量

做法

1. 在洗净的上海青菜头切上十字花刀，装入盘中备用。
2. 锅中倒入约1000毫升清水烧开，加少许食用油拌匀，倒入上海青，拌匀，焯约1分钟至熟后捞出。
3. 炒锅置火上，注入少许食用油烧热，倒入上海青，倒入鸡汁，加入盐、味精、白糖，炒匀调味，加入少许水淀粉，拌炒均匀。
4. 将炒好的上海青夹入盘中，浇上原汤汁即可。

扫扫二维码
轻松同步做美味

西红柿奶酪豆腐

扫扫二维码
轻松同步做美味

原料

西红柿200克，豆腐80克，奶酪35克

调料

盐少许，食用油适量

做法

1 洗好的豆腐切成长方块，备用。

2 洗净的西红柿切成小瓣，去皮，切成丁。

3 奶酪切片，再切条形，改切成碎末，备用。

4 煎锅置于火上，淋入少许食用油烧热，放入豆腐块，用小火煎出香味，翻转豆腐块，晃动煎锅煎至两面呈金黄色，撒上奶酪碎，倒入西红柿，撒上少许盐，略煎片刻，至食材入味，将煎好的食材盛出，装入盘中即可。

香辣莴笋丝

原料

莴笋340克，红椒35克，蒜末少许

调料

亚麻子油适量，盐、鸡粉、白糖各2克，生抽3毫升，辣椒油少许

做法

1　将洗净去皮的莴笋切片，改切丝。

2　红椒切段，切开，去子，切成丝。

3　锅中注入适量清水烧开，放适量盐、亚麻子油，放入莴笋丝，拌匀，略煮片刻，加入红椒丝，搅拌，煮约1分钟至熟，把煮好的莴笋和红椒捞出，沥干水分。

4　将莴笋和红椒装入碗中，加入蒜末，放入盐、鸡粉、白糖、生抽、辣椒油、亚麻子油，拌匀，最后将菜肴装盘即可。

牛奶玉米鸡蛋羹

原料

牛奶250毫升，玉米粒60克，鸡蛋20克

调料

盐2克，白糖6克

做法

1 备好的鸡蛋打散搅匀，待用。
2 将牛奶倒入锅中，注入适量清水，放入备好的玉米粒，煮至熟。
3 放入盐、白糖，搅拌片刻，倒入备好的鸡蛋液，关火，缓缓搅散。
4 将煮好的蛋羹盛出，装入碗中即可。

扫扫二维码
轻松同步做美味

陈皮炒鸡蛋

原料

鸡蛋3个，水发陈皮5克，姜汁100毫升，葱花少许

调料

盐3克，水淀粉、食用油各适量

做法

1　洗好的陈皮切丝。

2　取一个碗，打入鸡蛋，加入陈皮丝、盐、姜汁，搅散，倒入水淀粉，拌匀，待用。

3　用油起锅，倒入蛋液，炒至鸡蛋成形，撒上葱花，略炒片刻。

4　关火后盛出炒好的菜肴，装入盘中即可。

扫扫二维码
轻松同步做美味

草菇花菜炒肉丝

原料

草菇 70 克，彩椒 20 克，花菜 180 克，猪瘦肉 240 克，姜片、蒜末、葱段各少许

调料

盐3克，生抽4毫升，料酒8毫升，蚝油、水淀粉、食用油各适量

做法

1. 草菇对半切开，彩椒切成粗丝，花菜切小朵。
2. 将洗净的猪瘦肉切成细丝，装入碗中，加入料酒、盐、水淀粉，淋入食用油，拌匀，腌渍10分钟。
3. 锅中注水烧开，加入盐、料酒，倒入草菇，去除涩味，放入花菜，加入食用油，拌匀，煮至断生，倒入彩椒，拌匀，略煮片刻，捞出全部食材，沥干水分，待用。
4. 用油起锅，倒入肉丝，炒至变色，放入姜片、蒜末、葱段，炒出香味，倒入焯过水的食材，炒匀，加入盐，倒入生抽、料酒、蚝油、水淀粉，炒至食材入味。
5. 关火后盛出炒好的菜肴，装入盘中即可。

扫扫二维码
轻松同步做美味

娃娃菜鲜虾粉丝汤

扫扫二维码
轻松同步做美味

原料

娃娃菜 270 克，水发粉丝 200 克，虾仁 45 克，姜片、葱花各少许

调料

盐2克，鸡粉1克，胡椒粉适量

做法

1　将泡发好的粉丝切段，洗好的虾仁切成小块，洗净的娃娃菜切成小段，备用。

2　砂锅中注入适量清水烧开，撒上姜片，放入切好的虾仁、娃娃菜。

3　盖上盖，煮开后用小火续煮5分钟。

4　揭盖，加入少许盐、鸡粉、胡椒粉，拌匀，放入粉丝，拌匀，煮至熟软，盛出煮好的汤料，撒上葱花即可。

西红柿蔬菜汤

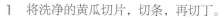

原料

黄瓜、西红柿各 100
克，鲜玉米粒 50 克

调料

盐、鸡粉各2克

做法

1 将洗净的黄瓜切片，切条，再切丁。
2 洗净的西红柿切瓣，切小块。
3 取电解养生壶底座，放上配套的水壶，加清水至0.7升
　水位线，放入切好的蔬菜，倒入洗好的玉米粒。
4 盖上壶盖，按"开关"键通电，再按"功能"键，选定
　"煲汤"功能，开始煮汤，期间功能加热8分钟，功能
　加强2分钟，共煮10分钟，至材料熟透。
5 揭盖，放入盐、鸡粉，拌匀调味。
6 待汤煮成，按"开关"键断电，取下水壶，将汤装入碗
　中即可。

扫扫二维码
轻松同步做美味

苹果猪排

原料

猪里脊肉200克，苹果、红薯各100克，柠檬60克，高汤50毫升

调料

奶油、食用油各适量，白糖3克，盐、胡椒粉各少许

做法

1　苹果、柠檬分别切成片；红薯去皮，切成片；猪里脊肉切片，装碗，放入盐、胡椒粉，拌匀，腌渍片刻。

2　热锅注油烧热，放入猪里脊肉片，煎3分钟左右至表面金黄，翻面，再煎3分钟左右至两面金黄，盛起待用。

3　锅中留油，放入红薯块，煎2分钟左右，放入苹果片，煎至两面焦黄，放入奶油，拌匀，待煎至食材上色后，将食材夹至备好的盘中。

4　锅中倒入高汤，放入柠檬片、盐、胡椒粉、白糖，调成味汁。

5　将煎好的红薯片、苹果片、猪里脊肉片摆入备好的盘中，淋上味汁即可。

扫扫二维码
轻松同步做美味

排骨玉米汤

原料

排骨段500克，鲜玉米1根，胡萝卜、姜丝、葱段各少许

调料

盐、胡椒粉各少许

做法

1　玉米洗净，切段。

2　胡萝卜去皮洗净，切块。

3　锅中注入适量清水，倒入排骨段，汆至断生捞出，放入清水中洗净。

4　另起锅，加适量清水，倒入排骨、姜丝、葱段，加盖煮沸，转到汤煲烧开，倒入玉米、胡萝卜煮沸，再用慢火煲40分钟至排骨熟软。

5　加盐、胡椒粉调味，端出即可。

扫扫二维码
轻松同步做美味

牛肉西红柿汤

原料

牛肉200克，西红柿120
克，葱花2克，姜片3克

调料

料酒4毫升，盐、鸡粉各
2克，白胡椒粉适量

做法

1 洗净的牛肉切片，切条，再切成丁。
2 洗净的西红柿去蒂，对半切开，切成小块。
3 牛肉装入碗中，放入姜片，加入料酒、盐、鸡粉、白胡
   椒粉，拌匀。
4 取备好的杯子，放入牛肉、西红柿，倒入适量清水，搅
   拌片刻，再盖上保鲜膜，待用。
5 电蒸锅注水烧开，放入食材，盖上盖，蒸20分钟。
6 揭盖，取出食材，揭开保鲜膜，撒上葱花即可。

扫扫二维码
轻松同步做美味

黑木耳山药煲鸡

原料

去皮山药100克，水发木耳90克，鸡肉块250克，大枣30克，姜片少许

调料

盐、鸡粉各2克

做法

1　洗净去皮的山药切滚刀块。

2　锅中注水烧开，倒入洗净的鸡肉块，氽至去除血水，捞出氽好的鸡肉，沥干水分，装盘待用。

3　取出电火锅，注入适量清水，倒入氽好的鸡肉块，放入切好的山药块，加入泡好的木耳，倒入洗净的大枣和姜片，加盖，将电火锅旋钮调至"高"档。

4　待鸡汤煮开，调至"低"档，续炖100分钟至食材有效成分析出。

5　揭盖，加入盐、鸡粉，搅拌调味；加盖，稍煮片刻，旋钮调至"关"。

6　断电，揭盖，盛出鸡汤，装碗即可。

怀孕初期这些事情要注意

在孕初期，胚胎形成过程中极易受到外界各种因素的影响，影响其发育的稳定性，甚至可能导致流产，因此，准妈妈要格外注意保胎，无论是饮食还是生活方面，都要处处小心，给予宝宝贴心的呵护。

别把怀孕症状当感冒

妊娠后，孕妇体内绒毛膜促性腺激素增多，会导致人体出现发热、乏力、头晕、嗜睡等症状。这些症状和感冒类似，若无法与早孕反应相区分，可以先采取多喝水、注意休息等方式，如果症状仍无改变，则可以去医院诊断是否怀孕。

准妈妈不可随便用药

严格来说，从计划怀孕时，准妈妈就应谨慎用药了，因为有些药物中的某些成分可能会对受精卵的形成和发展造成不利影响，甚至可能导致流产。而孕初期是胚胎主要器官的分化发育时期，同时也是用药的高度敏感期，准妈妈一定不能随便用药。

避免不良情绪影响胎儿

准妈妈的情绪会直接给胎儿带来影响，特别是在孕初期，准妈妈情绪过度不安，可能导致胎儿口唇畸变，出现腭裂或唇裂，影响其身心发育。有的孩子出生后哭闹无常、不爱睡觉，长大后心态不稳，自制力差等，也可能是准妈妈孕期情绪不良所致。

尽量避免性生活

孕初期母体内的胎盘和子宫壁连接不紧密，如果此时过性生活，很可能由于动作的不当或精神过度兴奋时的不慎，使子宫受到强烈的震动，导致胎盘脱落、剥离，从而引发流产。

谨防家电辐射

各种家用电器在使用时或多或少都会产生电磁辐射，而人体是导电体，孕早期胎儿对外界的辐射非常敏感，如果准妈妈接触的辐射量过大，很可能造成流产或者让胎儿患上先天性疾病。所以，孕期应科学使用家电，谨防辐射危害。

到怀孕中期，随着早孕反应的消失，准妈妈食欲逐渐增加，胎儿也进入体格发育关键期。因此，孕中期的营养是整个孕期十分关键的阶段，准妈妈们要在老观念与新思想的双重保障下养胎。

Chapter 4

孕中期 4～6个月

——营养勿过剩，规划好宝宝体格发育关键期

妈咪宝贝共同成长日记

宝宝发育状况

孕 **4** 月

→ 身长大约有12厘米，体重迅速增长，可达150克。

→ 心脏搏动更加活跃，内脏发育基本完成。

→ 各器官发育更完善，循环系统和尿道已经进入了正常的工作状态。

→ 可以做皱眉、鬼脸、吮吸手指等动作了。

孕 **5** 月

→ 身长长到16厘米，体重为250~300克。

→ 味觉、嗅觉、触觉、视觉和听觉等从现在开始在大脑中专门的区域里发育。

→ 开始长出头发，全身长出细毛，眉毛形成，嘴巴会张合。

→ 体内基本构造进入最后完成阶段，之前已出现的器官不断增大并成熟。

孕 **6** 月

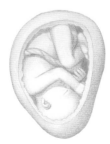

→ 身长约为25厘米，体重增长为500~550克。

→ 身体逐渐匀称，面目清晰、皮肤发红发皱、毛发完整。

→ 手足活动明显增多，身体的位置常在羊水中变动，胎位不固定。

→ 牙齿开始发育，骨骼相当结实，轮廓明显，用听诊器可以听到宝宝的胎心音。

妈妈身体变化

孕 4 月

→ 进入孕中期，腹部开始隆起，重心前移，骨盆前倾。

→ 妊娠反应基本消失，胃口变好，食量有明显的增加。

→ 随着孕激素的分泌，有的准妈妈的妊娠斑、妊娠纹等开始明显增多。

→ 易感疲倦，伴随便秘、胃灼热、胀气、水肿、牙龈出血等多种不适。

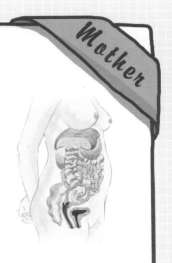

孕 5 月

→ 子宫继续增大，下腹部隆起明显，孕味十足。

→ 乳晕和乳头的颜色更深，乳房更大了。

→ 大部分准妈妈此时可以感觉到明显的胎动。

→ 出现心慌、气短等感觉，有时还会伴随便秘、易疲倦等孕期不适。

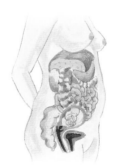

孕 6 月

→ 身体越来越沉重，大约以每周增加250克的速度迅速增长。

→ 感受到的胎动愈发频繁，胎宝宝的心跳十分有力。

→ 乳房偶有淡淡的初乳溢出，阴道分泌物持续增加。

→ 可能会出现便秘、消化不良、头痛、鼻塞、牙龈出血、腰酸背痛、腹部瘙痒等孕期不适。

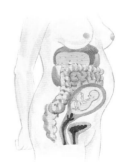

补足营养，安心养胎

步入孕中期后，胎儿的生长发育进入了稳定而又快速的时期，而准妈妈痛苦的孕吐反应也已基本消失，食欲开始有所增加，此阶段饮食养胎的重点是补足营养。

平衡膳食，种类丰富

过了孕早期，准妈妈的食欲渐渐增加，胎儿进入了稳定的生长发育期，营养需求也加大了。此时准妈妈要注意平衡膳食，同时，摄取的食物在种类上可以尽量丰富起来，包括五谷杂粮、肉蛋奶、鱼虾，还要补充足够的水，尽可能摄取全面、科学的营养物质。

做好食物搭配

孕中期摄取食物种类丰富起来之后，准妈妈要制订合理的饮食计划，其中，做好食物搭配是重点，包括饭菜的荤素搭配和主食的粗细搭配、干稀搭配等。这样不仅有利于保证身体摄入均衡、全面的营养，而且对孕中期胎儿的健康成长有利。

不偏食、不挑食、不暴饮暴食

准妈妈只有养成良好的饮食习惯，做到不偏食、不挑食、不暴饮暴食，才能保证在孕期摄入全面、均衡的营养。研究发现，准妈妈的口味可以通过羊水传给胎宝宝，如果准妈妈只偏好某些食物，宝宝出生后也容易偏食，相反地，如果在孕期保证饮食多样化，不挑食，将来宝宝挑食的概率也会相应降低。而暴饮暴食则是养胎的大忌，会使孕期体重增长过多，诱发妊娠高血压、妊娠糖尿病等疾病，对于胎宝宝的正常发育也是极为不利的。

增加动物性食物的摄入

动物性食物所提供的优质蛋白质是胎宝宝和准妈妈组织增长的物质基础，准妈妈在这一时期可以重点摄入此类食物，如海产品、瘦肉、鸡蛋、动物肝脏等。

科学养胎，管理好体重

对于准妈妈来说，科学养胎瘦孕的一个重要原则就是管理好孕期的体重增长，尤其是谨防孕中期体重增长过快。以下介绍了几个饮食方面的新思想，帮助准妈妈管理体重。

三餐两点心

这种饮食模式倡导准妈妈在正常摄取一日三餐的基础上，增加两次加餐。可将果汁、坚果、蛋糕、水果等作为加餐内容，这样既不会增加准妈妈胃部的消化负担，又能及时补充孕中期胎儿快速生长发育所需的营养物质，利于控制体重。

不要盲目进补

孕期切忌盲目进补，尤其是步入孕中期后，很多准妈妈由于食欲大增，胃口大开，大吃特吃，反而不利于控制体重。为此，孕期进补应遵循多样补充、优质补充和适量补充的原则，科学安排日常饮食。

增量摄取优质蛋白质

前面介绍了摄取适量蛋白质的计算公式，即（身高−110）x3.75克=你需要的蛋白质，孕中期每天摄取的优质蛋白质要增加50%，即按照所需的蛋白质量加上50%，才能满足胎儿和母体的需要。

蔬菜水果千万别过量

蔬菜水果虽然有益身体健康，但并非越多越好，尤其是孕妇，吃太多可能导致体重超标，不利于养胎和瘦孕。建议准妈妈每天摄取水果200~400克，蔬菜300~500克。

关注体重，营养不过剩

孕期经常测量体重，能方便准妈妈及时掌握自己身体的变化情况，并及时调整饮食，防止摄入过多食物，造成营养过剩等问题，将孕期的体重增长控制在合理的范围内。

动物肝脏不能吃太多

动物肝脏虽然能够为准妈妈提供丰富的维生素和矿物质，但它们也是动物体内的排毒器官，且胆固醇含量偏高，建议孕妇每周食用不超过2次，每次50~100克，千万不要吃太多。

必需营养素 & 明星食材

| 蛋白质 | 摄入量：
每天85克 | 明星食材：
鸡蛋、黄豆、牛奶、牛肉、核桃、豆浆、猪肉、花生 |

| 脂肪 | 摄入量：
每天20~30克 | 明星食材：
肥肉、猪肝、猪油、蛋黄、玉米油、奶酪、奶油、果仁 |

| 维生素
C | 摄入量：
每天90~120毫克 | 明星食材：
猕猴桃、柠檬、橘子、西红柿、青椒、芹菜、甘蓝、花菜 |

| 维生素
D | 摄入量：
每天10微克 | 明星食材：
鱼肝油、牛奶、乳酪、海鱼、蛋黄、鸡肝、鸭肝、瘦肉 |

| B 族
维生素 | 摄入量：
每天1.5~2.2毫克 | 明星食材：
鸡蛋、香蕉、菠菜、黄豆、糙米、香菇、西红柿、小麦胚芽 |

| 钙 | 摄入量：
每天1000毫克 | 明星食材：
牛奶、酸奶、脆骨、虾皮、小鱼、豆皮、蛋黄、西蓝花 |

| 铁 | 摄入量：
每天20毫克 | 明星食材：
大枣、猪肝、木耳、黑米、菠菜、牛肉、芝麻酱、上海青 |

| 锌 | 摄入量：
每天20毫克 | 明星食材：
猪肾、猪肝、瘦肉、牡蛎、蛤蜊、虾皮、蘑菇、栗子 |

鸡肝圣女果米粥

原料

水发大米100克，圣女果70克，小白菜60克，鸡肝50克

调料

盐少许

扫扫二维码
轻松同步做美味

做法

1 锅中注水烧开，放入小白菜，焯约半分钟，捞出小白菜，沥干水分，放凉，剁成末；倒入圣女果，烫约半分钟，捞出，沥干，放凉，剥去表皮。

2 把洗净的鸡肝放入沸水锅中，盖上锅盖，用小火煮约3分钟，汆去血渍，待鸡肝熟透后捞出，沥干水分，放凉，压碎，剁成泥。

3 汤锅中注水烧开，倒入洗净的大米，搅拌至米粒散开，盖上盖子，煮沸后用小火煮约30分钟至米粒熟软。

4 取下盖子，倒入切好的圣女果，放入鸡肝泥，再调入盐，搅拌匀，续煮片刻至入味。

5 关火后盛出煮好的粥，放在碗中，撒上小白菜末即成。

南瓜西红柿面疙瘩

扫扫二维码
轻松同步做美味

原料

南瓜75克，西红柿80克，面粉120克，茴香叶末少许

调料

盐2克，鸡粉1克，食用油适量

做法

1　洗净的西红柿切开，切小瓣；洗净去皮的南瓜切开，再切成片。

2　把面粉装入碗中，加少许盐，分次注入清水，搅拌均匀，倒入少许食用油，拌匀，至其成稀糊状。

3　砂锅中注入适量清水烧开，加少许盐、食用油、鸡粉，倒入切好的南瓜，搅拌匀，盖上盖，煮约1分30秒至其断生；揭盖，倒入西红柿，拌匀，再盖上盖，烧开后用小火煮约5分钟。

4　揭盖，倒入面糊，搅匀、打散，至面糊呈疙瘩状，拌煮至粥浓稠，盛出煮好的面疙瘩，点缀上茴香叶末即可。

清蒸排骨饭

原料

米饭170克，排骨段150克，上海青70克，蒜末、葱花各少许

调料

盐、鸡粉各3克，生抽、料酒、生粉、芝麻油、食用油各适量

扫扫二维码
轻松同步做美味

做法

1　洗净的上海青对半切开。

2　把洗好的排骨段放入碗中，加少许盐、鸡粉、生抽，撒上蒜末，淋入少许料酒，拌匀，放适量生粉拌匀，淋入少许芝麻油，拌匀，装入蒸盘，腌渍约15分钟，待用。

3　锅中注水烧开，加少许盐、食用油，略煮一会儿，放入上海青，拌匀，煮约半分钟，捞出焯好的上海青，沥干水分，待用。

4　蒸锅上火烧开，放入蒸盘，盖上盖，用中火蒸约15分钟。

5　揭盖，取出蒸盘，放凉待用。

6　将米饭装入盘中，摆上焯熟的上海青，放入蒸好的排骨，点缀上葱花即可。

木耳山药

原料

水发木耳80克，去皮山药
200克，圆椒、彩椒各40
克，葱段、姜片各少许

调料

盐、鸡粉各2克，蚝油
3毫升，食用油适量

做法

1 洗净的圆椒切开，去子，切成块。

2 洗净的彩椒切开，去子，切成条，再切片。

3 洗净去皮的山药切开，再切成厚片。

4 锅中注入适量的清水，大火烧开，倒入山药片、泡发好
   的木耳、圆椒块、彩椒片，拌匀，焯片刻至断生，将食
   材捞出，沥干水分，待用。

5 用油起锅，倒入姜片、葱段，爆香，放入蚝油，再放入
   焯好的食材，加入盐、鸡粉，翻炒片刻至入味。

6 将炒好的菜肴盛出，装入盘中即可。

扫扫二维码
轻松同步做美味

草菇烩芦笋

原料

芦笋170克，草菇85克，胡萝卜片、姜片、蒜末、葱白各少许

调料

盐、鸡粉各2克，蚝油4毫升，料酒3毫升，水淀粉、食用油各适量

扫扫二维码
轻松同步做美味

做法

1 把洗好的草菇切成小块。

2 洗净去皮的芦笋切成段。

3 锅中注入适量清水烧开，放入少许盐、食用油，倒入草菇，拌匀，煮约半分钟，再倒入芦笋段，搅拌匀，续煮约半分钟，至全部食材断生后捞出，沥干水分，放在盘中，待用。

4 用油起锅，放入胡萝卜片、姜片、蒜末、葱白，用大火爆香，倒入焯好的食材，淋入料酒，用中火翻炒几下，炒匀提味，放入蚝油，炒香、炒透，再加入盐、鸡粉，翻炒片刻至食材熟软。

5 倒入适量水淀粉勾芡，盛出炒好的食材，放在盘中即成。

素炒西红柿包菜

原料

包菜200克，西红柿100克，葱花、蒜末各3克

调料

鸡粉、盐各2克，食用油、胡椒粉各适量

做法

1　洗净的包菜切成条，装入碗中。

2　洗净的西红柿对切开，去蒂，切成条，切小块。

3　备好一个小碗，放入蒜末、葱花，淋入食用油，制成调料，再封上保鲜膜。

4　备好微波炉，打开炉门，将调料放进去，关上炉门，选定"启动"键，定时加热1分钟。

5　待时间到打开炉门，将调料取出，去除保鲜膜，浇在包菜上，倒入西红柿，拌匀，放入胡椒粉、盐、鸡粉，搅拌均匀，盖上盖，再打开炉门，将容器放进去。

6　关上炉门，选定"启动"键，定时加热3分钟，待时间到，打开炉门，将容器取出，装入盘中即可。

蒸豆腐苹果

扫扫二维码
轻松同步做美味

原料

苹果80克，牛肉70克，豆腐75克

做法

1. 豆腐横刀切开，切成条，再切小块；洗净去皮的苹果切开，去核，切条，再切丁。

2. 处理好的牛肉切厚片，切条，切粒。

3. 炒锅烧热，倒入牛肉，翻炒转色，倒入豆腐、苹果，搅拌均匀，注入适量清水，稍稍搅拌，盖上盖，大火煮至沸腾收汁；掀开盖，将煮好的食材盛出装入碗中，待用。

4. 电蒸锅注水烧开，放入食材，盖上盖，调转旋钮定时10分钟；掀开盖，将食材取出，即可食用。

鱼香杏鲍菇

原料

杏鲍菇200克，红椒35克，姜片、蒜末、葱段各少许

调料

豆瓣酱4克，盐3克，鸡粉2克，生抽2毫升，料酒3毫升，陈醋5毫升，水淀粉、食用油各适量

做法

扫扫二维码
轻松同步做美味

1 将洗净的杏鲍菇对半切开，切段，再切成片，改切成粗丝；洗好的红椒切开，切段，改切成细丝。

2 锅中注入适量清水烧开，放入少许盐，倒入切好的杏鲍菇，搅匀，再煮约2分钟，至食材断生后捞出，沥干水分，待用。

3 用油起锅，放入姜片、蒜末、葱段，爆香，倒入红椒丝，再放入焯过的杏鲍菇，快速翻炒匀，淋入料酒，翻炒香，放入豆瓣酱，倒入生抽，再加入盐、鸡粉，翻炒一会儿，至食材熟透。

4 淋入陈醋，翻炒至食材入味，用水淀粉勾芡，盛出炒好的菜，装在盘中即成。

粉蒸豌豆排骨

原料

排骨150克，豌豆、蒸肉米粉各50克，葱花、红椒末、姜末各3克

调料

盐2克，生抽、料酒各3毫升

做法

1. 取一碗，放入排骨、姜末、豌豆，加入盐、生抽、料酒，搅拌均匀，腌渍10分钟。

2. 将蒸肉米粉放入碗中，搅拌均匀，倒入杯子中，盖上保鲜膜。

3. 电蒸锅注水烧开，将杯子放入其中，盖上盖子，然后蒸30分钟。

4. 揭盖，取出杯子，揭去保鲜膜，撒上红椒末、葱花即可。

扫扫二维码
轻松同步做美味

冬菜蒸牛肉杯

原料

牛肉150克， 冬菜60克，洋葱丁15克，姜末、葱花各2克

调料

芝麻油3毫升，盐2克，蚝油5毫升，白胡椒粉3克，水淀粉5毫升

做法

1. 牛肉对半切开，切成片，将盐、蚝油、白胡椒粉、水淀粉、姜末加到盛有牛肉片的碗中，搅拌均匀，腌渍10分钟。
2. 倒入冬菜、洋葱丁，拌匀，将食材倒入杯子中，盖上保鲜膜，待用。
3. 电蒸锅注水烧开，放入杯子，盖上盖，蒸15分钟。
4. 将杯子从蒸锅中取出，取下保鲜膜，淋上芝麻油，撒上葱花即可。

扫扫二维码
轻松同步做美味

猪肝鸡蛋羹

原料

猪肝90克，鸡蛋2个，葱花4克

调料

盐、鸡粉各2克，料酒10毫升，芝麻油适量

做法

1. 洗净的猪肝切片。
2. 锅中注水烧开，倒入切好的猪肝片，余约30秒至去除血水和脏污，捞出余好的猪肝，沥干水分，装盘待用。
3. 取空碗，倒入适量清水，加入盐、鸡粉、料酒，搅拌均匀，打入鸡蛋，搅拌均匀成蛋液。
4. 取干净的盘子，将余好的猪肝铺匀，倒入搅匀的蛋液，封上保鲜膜。
5. 取出已烧开上气的电蒸锅，放入食材，加盖，调好时间旋钮，蒸10分钟至熟。
6. 揭盖，取出蒸好的猪肝鸡蛋羹，撕去保鲜膜，淋入芝麻油，撒上葱花即可。

杂酱莴笋丝

扫扫二维码
轻松同步做美味

原料

莴笋120克，肉末65克，水发香菇45克，熟蛋黄25克，姜片、蒜末、葱段各少许

调料

盐3克，鸡粉少许，料酒3毫升，生抽4毫升，食用油适量

做法

1. 将洗净的香菇切丝，再切细丁。
2. 去皮洗好的莴笋切片，改切细丝。
3. 煎锅置火上，淋入少许食用油烧热，倒入洗净的肉末，用中火快炒，至其转色，淋入料酒，炒匀炒透，撒上姜片、蒜末、葱段，大火快炒匀，倒入香菇丁，炒出香味，注入少许清水，略煮，淋入生抽，加少许盐、鸡粉，炒匀，装盘，制成酱菜待用。
4. 用油起锅，倒入莴笋丝，炒匀，至其变软，加入少许盐、鸡粉，翻炒至食材入味，盛出炒好的莴笋丝，装在盘中，摆好，再盛入炒熟的酱菜，点缀上熟蛋黄即成。

豌豆苗炒鸡片

原料

豌豆苗、鸡胸肉各200克，彩椒40克，蒜末、葱段各少许

调料

盐、鸡粉各3克，水淀粉9毫升，食用油适量

做法

1 洗净的彩椒切条，再切成小块。

2 洗好的鸡胸肉切块，再切成片，装入碗中，加入少许盐、鸡粉、水淀粉，搅拌匀，倒入适量食用油，腌渍10分钟，至其入味。

3 锅中注入适量清水烧开，倒入鸡肉片，搅匀，余至变色，捞出，沥干水分，待用。

4 用油起锅，倒入蒜末、葱段、彩椒，炒匀，放入余过水的鸡肉片，翻炒均匀，倒入洗好的豌豆苗，炒至全部食材熟软。

5 加入适量盐、鸡粉，炒匀调味，倒入适量水淀粉，快速翻炒均匀，盛出炒好的菜肴，装入盘中即可。

扫扫二维码
轻松同步做美味

虾仁炒上海青

原料

上海青150克，鲜虾仁40克，葱段8克，姜末、蒜末各5克

调料

盐2克，鸡粉1克，料酒5毫升，水淀粉6毫升，食用油适量

做法

1　洗净的上海青切成小瓣，修齐根部。

2　在洗好的虾仁背部划一刀，装碗，放入1克盐，淋入料酒、3毫升水淀粉，拌匀，腌渍5分钟至入味。

3　用油起锅，倒入姜末、蒜末、葱段，爆香，放入腌好的虾仁，翻炒数下，倒入切好的上海青，翻炒约2分钟至食材熟透。

4　加入1克盐，放入鸡粉、3毫升水淀粉，炒匀，盛出菜肴，摆盘即可。

扫扫二维码
轻松同步做美味

香菇胡萝卜排骨汤

原料

排骨 280 克，香菇 55 克，
去皮胡萝卜 60 克，姜片、
葱花各少许，八角 1 个

调料

盐、鸡粉、胡椒粉各2克

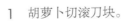
做法

1　胡萝卜切滚刀块。

2　洗净的香菇切小块。

3　沸水锅中倒入洗净的排骨，余片刻，去除血水，捞出排骨，沥干水待用。

4　砂锅注水烧开，倒入排骨、胡萝卜、香菇、八角、姜片，拌匀，加盖，大火煮开后转小火煮1小时。

5　揭盖，撒上盐、鸡粉、胡椒粉，充分拌匀入味，盛入碗中，撒上葱花即可。

扫扫二维码
轻松同步做美味

红薯芋头甜汤

原料

去皮芋头、去皮马蹄、去皮红薯各60克

调料

红糖15克

做法

1　去皮马蹄切成厚片，改切成丁。

2　去皮芋头切片，切成条，改切成丁。

3　去皮红薯切成厚片，切条，改切成丁。

4　往焖烧罐中倒入芋头丁、马蹄丁、红薯丁，注入开水至八分满，旋紧盖子，摇晃片刻，静置1分钟，使得食材和焖烧罐充分预热。

5　揭盖，将里面的开水倒出，再次加入开水至八分满，旋紧盖子，摇晃片刻，使食材充分混合均匀，焖烧3个小时。

6　揭盖，倒入红糖，充分搅拌至入味，盛入备好的碗中即可。

扫扫二维码
轻松同步做美味

西红柿炖牛腩

扫扫二维码
轻松同步做美味

原料

牛腩350克，土豆300克，西红柿180克，洋葱90克，姜片10克，花椒3克，八角3个，香菜1克

调料

盐、鸡粉各3克，番茄酱25克，生抽5毫升，料酒3毫升，食用油适量

做法

1. 洗净去皮的土豆切滚刀块，放入清水中浸泡，防止氧化；洗净的洋葱切成块，待用。

2. 洗净的牛腩切成小块，放入沸水中余2分钟至断生，捞出，放在清水中反复冲洗多余的油脂；西红柿划十字花刀，放入热水锅中，煮30秒后取出，沿着切口撕去西红柿皮，去蒂，切成小块，待用。

3. 热锅注油烧热，倒入八角、花椒、姜片，爆香，倒入牛腩，淋入料酒、生抽，注入适量清水，小火慢炖40分钟，倒入土豆，拌匀，续炖10分钟至熟软，倒入西红柿、洋葱，盖上盖，续炖5分钟至熟透。

4. 揭开盖，倒入番茄酱，加入盐、鸡粉，搅匀至入味，盛出装入碗中，放上香菜即可。

糟溜鱼片

原料

草鱼肉300克，水发木耳100克，卤汁20毫升，姜片少许

调料

盐、鸡粉、胡椒粉各2克，水淀粉5毫升，食用油适量

做法

1　洗净的草鱼肉切成双飞片，待用。

2　取一个碗，倒入鱼片，加入少许盐、鸡粉，再倒入水淀粉，拌匀，腌渍10分钟，至其入味，备用。

3　锅中注入适量清水烧开，倒入鱼片，略煮一会儿，将氽好的鱼肉捞出，沥干水分，待用。

4　热锅注油，放入姜片，爆香，倒入卤汁，再注入适量清水，放入木耳，搅拌匀，加入少许鸡粉、胡椒粉，搅匀调味。

5　倒入鱼片，略煮至食材熟透、入味，盛入盘中即可。

扫扫二维码
轻松同步做美味

蒜蓉虾皮蒸南瓜

原料

小南瓜185克，蒜末40克，虾皮30克

调料

蒸鱼豉油10毫升，食用油适量

做法

1 洗净的小南瓜切片。

2 将切好的南瓜片摆盘，待用。

3 用油起锅，倒入蒜末，爆香，放入备好的虾皮，炒约1分钟至微黄，盛出炒好的虾皮，均匀浇在南瓜片上，待用。

4 取出电蒸锅，通电后注水烧开，放入备好的南瓜片，加盖，调节时间刻度旋钮，蒸煮15分钟至食材熟软。

5 断电后取出蒸好的南瓜，淋上蒸鱼豉油即可。

煮鲳鱼

原料

鲳鱼块750克，去皮白萝卜200克，葱段、姜片、香菜各少许

调料

鸡粉3克，盐5克，白胡椒粉6克，料酒5毫升，食用油适量

做法

1　去皮白萝卜切成薄片，改切成丝。

2　将洗净的鲳鱼块倒入备好的碗中，放上适量盐、料酒，加入适量白胡椒粉，腌渍10分钟。

3　热锅注油烧热，倒入腌渍好的鲳鱼块，煎至微黄色，倒入葱段、姜片，爆香，注入500毫升的清水拌匀，倒入白萝卜，加盖，大火煮开后转小火煮10分钟。

4　揭盖，加入盐、鸡粉、白胡椒粉，充分拌匀至食材入味。

5　关火，将煮好的菜肴盛入碗中，浇上适量汤水，撒上香菜即可。

扫扫二维码
轻松同步做美味

怀孕中期这些事情要注意

怀孕中期，虽然胎儿的生长发育进入了稳定期，但这一时期也是胎宝宝快速发育的关键时期，准妈妈腹部渐渐隆起，生活多有不便，日常生活中，时刻要注意维护自身的健康和胎宝宝的安全。

洗澡安全第一

妊娠步入孕中期，准妈妈的腹部越来越大，行动大不如前，在日常洗澡时，应以安全为首要原则，例如水温应控制在38℃左右，洗澡时间以15分钟为宜，最好使用淋浴，不要锁浴室门及避免去公共浴池等。

性生活有讲究

孕中期只要准妈妈的身体状况良好，就可以进行性生活了，但要注意强度不要过大，宜温柔缓和；频率不宜过高，以每周1~2次为宜；做好个人卫生，建议使用避孕套，防止细菌感染；采用不压迫腹部的体式，如侧卧式、后入式等。

妥善护理乳房

随着孕激素分泌的增加，孕中期乳房继续胀大，乳头、乳晕颜色加深，部分准妈妈的乳房可能会分泌少量的初乳，此时的乳房护理极为重要，关系到产后的哺乳与乳房健康，建议准妈妈每天用温水清洗，并适度按摩，必要时要纠正乳头内陷等问题。

注意运动安全

孕中期是准妈妈比较适合做运动的时期，但是应注意运动过程中的安全。建议选择健身操、散步、游泳、交谊舞等活动量较小的运动项目，穿合适的运动装运动，必要时可以由家人、朋友陪同。

保证充足的睡眠

为了给胎宝宝创造一个良好的内环境，准妈妈一定要保证充足的优质睡眠。孕期由于多种生理的变化，准妈妈容易疲劳，因此要比常人多1~2小时的睡眠时间，即每天保证8~9小时的优质睡眠，能有效缓解孕期不适，安心养胎。

孕后期，宝宝的生长发育逐渐成熟，准妈妈应继续在老观念的指导下补充营养。同时，也应该遵循新思想，既要满足宝宝营养需求，又要维持体重的正常增长，以便产后轻松恢复苗条身形。

Chapter 5

——均衡营养代谢，控制体重不超标

孕后期7~9个月

妈咪宝贝共同成长日记

宝宝发育状况

孕 7 月

→ 身长约38厘米，坐高约26厘米，体重1200克，几乎占满了整个子宫。

→ 大脑发育进入了一个高峰期，脑细胞迅速增殖分化，体积增大。

→ 胎动更加多样化和频繁，体力增强，能对母体的刺激做出反应。

→ 重要的神经中枢，如呼吸、吞咽、体温调节等发育完备。

孕 8 月

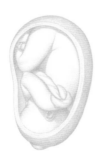

→ 身长约45厘米，体重接近2000克。

→ 随着胎宝宝的越来越大，活动空间减小，胎动有所减少。

→ 头部在继续增大，对外界的刺激，如光线、声音、味道和气味等更为敏感。

→ 肺和胃肠器官发育接近成熟，有了自己的呼吸能力。

孕 9 月

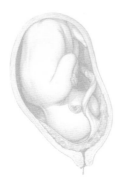

→ 身长51厘米左右，体重约2800克。

→ 皮下脂肪较为丰满，周身呈圆形，脸蛋儿圆润饱满。

→ 头转向下方，头部进入骨盆，为分娩做准备。

→ 肝脏开始清理血液中的废物，肾脏发育完毕。

妈妈身体变化

孕 7 月

→ 子宫变得更加膨大，对胎动的感觉愈发明显。

→ 由于子宫对胃部的压迫，食欲会有所降低，很容易产生饱胀感。

→ 腰围更粗，体重较妊娠前增加了7~9千克。

→ 下肢静脉曲张严重，有的准妈妈还会出现便秘、腰酸背痛、高血压和蛋白尿等。

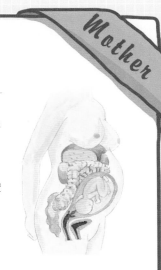

孕 8 月

→ 子宫上升到膈，会感到呼吸困难、胃部不适和疲惫。

→ 受孕激素的影响，骨盆、关节、韧带均出现松弛，耻骨联合可呈轻度分离状态。

→ 鼻黏膜增厚，下肢水肿，身体抵抗力有所下降。

→ 腹部皮肤张力加大，妊娠纹更加明显，面部、外阴色素沉淀更多。

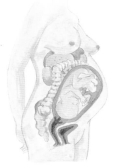

孕 9 月

→ 子宫底在肚脐上约14厘米处，体重不再大幅增长。

→ 子宫壁和腹壁变得很薄，可以看见胎宝宝在腹中活动时手脚、肘部在腹部突显的样子。

→ 由于子宫压迫膀胱，排尿次数增加，尿频明显。

→ 临近分娩，部分孕妇会出现情绪波动，自控能力差，易怒，失眠等。

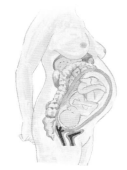

妈妈营养好，宝宝快快长

怀孕后期，准妈妈的肚子越来越大，开始压迫胃部，虽然食欲有所下降，但是准妈妈依然要注重饮食营养，才能保证胎宝宝各项器官的发育，并为后期的分娩储备足够的体力。

多吃利尿消肿的食物

孕后期，很多准妈妈会出现水肿。一般的孕期水肿不需要特别治疗，它会在分娩后自动消失。如果想要减轻水肿，除了在日常生活中采取相应的措施外，许多食物具有一定的利尿作用，食用后可以去除体内多余的水分，准妈妈不妨尝试一下，例如鲫鱼、鲤鱼、冬瓜、红豆、芹菜、玉米须等。但准妈妈不可擅自服用利尿药物，以免影响胎儿的生长发育。

不要吃过冷的食物

孕妇最好不要吃过冷的食物，原因主要有两点，一是孕妇的胃肠对冷的刺激非常敏感，吃过冷的食物会使胃肠血管突然收缩，胃液分泌减少，消化功能降低，从而引起食欲不振、消化不良、腹泻，甚至导致胃部痉挛，对孕妇自身和腹中的宝宝都不利；二是生冷的食物温度低，会刺激子宫的血管收缩，不利于胎儿的血液循环，影响其发育，加上孕晚期很容易出现宫缩，会增加发生早产的概率。

多吃益智食物

孕后期胎儿大脑发育特别快，这期间准妈妈要注意补充益智食物，如海鱼、贝类、核桃仁、花生等，促进脑细胞分裂增殖、树突分支增加，为宝宝的智力发育打下良好的基础。

摄取足够的膳食纤维

孕后期，不断增大的子宫对乙状结肠和直肠的压力增加，准妈妈的胃肠缺乏对孕激素的反应，再加上运动量相对于孕中期有所减少，很容易发生便秘。此时应注意摄取足够的膳食纤维，以促进肠道蠕动，缓解便秘。

养胎的同时需防营养过剩

孕后期的营养储备固然重要，但是在养胎的同时，还需预防营养过剩，这不仅对于减轻分娩压力、预防巨大儿产生有重要作用，对于准妈妈的产后瘦身来说，也是很有必要的。不妨看看下面的新思想和新观念吧！

加倍摄取优质蛋白质

在整个孕期，蛋白质都承担着重要的饮食养胎角色。到了怀孕后三个月，此时的蛋白质补充除了为快速长大的宝宝提供足够的营养外，还要为新妈妈的产后哺乳做准备。前面介绍了摄取适量蛋白质的计算公式，此时，优质蛋白质比孕初期要增加近1倍，即在原来的基础上，按照所需的蛋白质量乘以2。

时刻提防营养过剩

临近分娩，母体要为胎宝宝的生长发育、生产和哺乳做准备，激素的调节使准妈妈的生理发生了很大的变化，对营养物质的需求量有所增加，一不小心，就可能造成营养过剩，为此，准妈妈需要时刻提防。除了严格控制自己每天的进食量外，还可以采取少食多餐的饮食原则，经常称称体重，做做合适的运动等。

不宜吃易上火的食物

孕期饮食宜清淡有营养，那些容易上火的食物最好不要吃，例如狗肉、烧烤、油炸食品、火锅、饼干、辣椒等。在孕后期如果摄入这些食物，不仅会诱发孕期便秘，还会加重内热，有碍于聚血养胎，甚至增加早产的可能性。

不要刻意节食

有的准妈妈担心自己的体重增长过快、过多，使将来分娩困难，或胎宝宝出生后过胖，也有的准妈妈怕孕期吃太多会影响自己的体形，从而刻意节食，这是万不可取的。据科学统计，女性孕期要比孕前增重约11千克，才是理想的、正常的，因此，只要准妈妈的体重增长在合理的范围内即可，无需刻意节食。

· 营养课堂 ·
必需营养素 & 明星食材

蛋白质	摄入量： 每天85~100克	**明星食材：** 鱼肉、鸡蛋、黄豆、牛奶、牛肉、核桃、豆浆、猪肉

糖类	摄入量： 每天400克	**明星食材：** 馒头、红薯、香蕉、高粱、大麦、面包、胡萝卜、土豆

膳食 纤维	摄入量： 每天35克	**明星食材：** 南瓜、燕麦、糙米、芹菜、海带、苹果、香蕉、核桃

维生素 K	摄入量： 每天100~140微克	**明星食材：** 海带、紫菜、乳酪、豌豆、奶油、鱼肝油、大豆油、莴苣

维生素 E	摄入量： 每天15~20毫克	**明星食材：** 麦芽、葵花子油、菠菜、莴苣、芦笋、猕猴桃、胡萝卜、柠檬

钙	摄入量： 每天1200~1500 毫克	**明星食材：** 茴香、小白菜、猪骨、雪里蕻、牛奶、上海青、豆干、黄豆

铜	摄入量： 每天2毫克	**明星食材：** 核桃、牡蛎、豌豆、葡萄干、花生、蘑菇、海蜇、土豆

镁	摄入量： 每天400毫克	**明星食材：** 木耳、海带、芹菜、樱桃、草莓、大枣、芝麻酱、猪血

牛奶燕麦粥

原料

燕麦片50克，牛奶250毫升

调料

白糖适量

做法

1 将牛奶倒入杯中，放入燕麦片，边倒边搅拌，用保鲜膜将杯口盖住，待用。

2 电蒸锅注水烧开，放入食材，盖上盖，蒸5分钟。

3 揭盖，将食材取出。

4 揭开保鲜膜，加入白糖，拌匀即可。

扫扫二维码
轻松同步做美味

胡萝卜黑豆饭

原料

水发黑豆、豌豆各60克，水发大米100克，胡萝卜65克。

做法

1 洗净去皮的胡萝卜切厚片，切条，再切丁。

2 奶锅注入适量的清水，大火烧开，倒入备好的黑豆、豌豆，稍稍搅拌，余片刻，将食材捞出，沥干水分，放凉待用。

3 将黑豆和豌豆混合在一起细细切碎，待用。

4 奶锅中注入适量的清水，大火烧开，倒入泡好的大米，放入黑豆和豌豆碎，加入胡萝卜，搅拌匀，用大火煮开，撇去浮沫。

5 转小火，盖上锅盖，煮20分钟。

6 关火，再用锅里的热气焖5分钟，掀开锅盖，将饭盛出，装入碗中即可。

扫扫二维码
轻松同步做美味

时蔬鸭血

原料

鸭血300克，去皮胡萝卜50克，黄瓜60克，水发黑木耳40克，蒜末、葱段、姜片各少许

调料

生抽、料酒、芝麻油、水淀粉各5毫升，盐、鸡粉各3克，食用油适量

做法

1 洗净的黄瓜对半切开，斜刀切段，切成片。

2 去皮胡萝卜对半切开，斜刀切段，改切成片。

3 鸭血切成三部分，改切成厚片。

4 沸水锅中倒入鸭血，汆2分钟，去除血腥味，将汆好的鸭血盛入盘中，待用。

5 热锅注油烧热，倒入葱段、姜片、蒜末，爆香，倒入木耳、鸭血、胡萝卜，拌匀，加入生抽、料酒、炒匀，倒入黄瓜，注入50毫升清水。

6 加入盐、鸡粉、水淀粉、芝麻油，充分拌匀至入味。

7 关火，将炒好的菜肴盛入盘中即可。

扫扫二维码
轻松同步做美味

101

红薯烧口蘑

扫扫二维码
轻松同步做美味

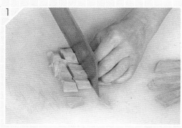

原料

红薯160克，口蘑
60克

调料

盐、鸡粉、白糖各
2克，料酒5毫升，
水淀粉、食用油各
适量

做法

1　去皮洗净的红薯切开，改切成块。

2　洗好的口蘑切小块。

3　锅中注入适量清水烧开，倒入切好的口蘑，淋入料酒，拌匀，略煮一会儿，捞出口蘑，沥干水分，待用。

4　用油起锅，倒入红薯，炒匀，倒入口蘑，翻炒匀，注入清水，拌匀，加入盐、鸡粉、白糖，用中火炒至食材入味，再倒入水淀粉，炒匀，盛出菜肴，装入盘中即成。

肉末尖椒烩猪血

原料

猪血300克，青椒30克，红椒25克，肉末100克，姜片、葱花各少许

调料

盐2克，鸡粉3克，白糖4克，生抽、陈醋、水淀粉、胡椒粉、食用油各适量

做法

1　将洗净的红椒切成圈。

2　将洗好的青椒切块。

3　将处理好的猪血横刀切开，切成粗条。

4　锅中注入适量清水烧开，倒入猪血，加入盐，余片刻，将余好的猪血捞出，装入碗中备用。

5　用油起锅，倒入肉末，炒至转色，加入姜片，倒入少许清水，放入青椒、红椒、猪血，加入盐、生抽、陈醋、鸡粉、白糖，拌匀，炖3分钟至熟。

6　撒上胡椒粉，拌匀，炖约1分钟至入味，倒入水淀粉，拌匀，将炖好的菜肴盛入盘中，撒上葱花即可。

扫扫二维码

轻松同步做美味

尖椒木耳炒蛋

原料

鸡蛋2个（100克），水发木耳100克，红椒、青椒各1根（40克），葱段、蒜片各少许

调料

盐、鸡粉各1克，食用油适量

做法

1 洗净去柄的青椒对半切开，去子，斜刀切块。

2 洗净去柄的红椒对半切开，去子，斜刀切块。

3 用油起锅，搅匀鸡蛋成蛋液，倒入锅中，翻炒半分钟至蛋液凝固，将炒好的鸡蛋装盘待用。

4 洗净的锅中注油烧热，放入蒜片和葱段，爆香，倒入泡好的木耳，翻炒数下，加入切好的青椒块、红椒块，翻炒片刻至断生，倒入炒好的鸡蛋，炒匀。

5 注入少许清水至没过锅底，搅匀，稍煮片刻，加入盐、鸡粉，炒匀调味，盛出菜肴，装盘即可。

扫扫二维码
轻松同步做美味

猪肝熘丝瓜

原料

丝瓜100克，猪肝150克，红椒25克，姜片、蒜末、葱段各少许

调料

盐3克，鸡粉2克，生抽3毫升，料酒6毫升，水淀粉、食用油各适量

扫扫二维码
轻松同步做美味

做法

1 去皮的丝瓜对半切开，切成条形，再切成小块；红椒切开，去子，再切成片。

2 猪肝切成薄片，装碗，加入盐、鸡粉，淋入料酒，倒入水淀粉，拌匀，腌渍约10分钟。

3 锅中注水烧开，倒入猪肝片，煮1分钟，捞出沥干。

4 用油起锅，放入姜片、蒜末，用大火爆香，倒入余好的猪肝片，炒匀，放入丝瓜、红椒，炒匀、炒透，淋入料酒、生抽，再加入盐、鸡粉，快速炒匀，至食材入味。

5 注入适量清水，收拢食材，略煮片刻，倒入水淀粉，炒匀，撒上葱段，用大火快速翻炒，至散发葱香味。

6 关火后盛出炒好的菜肴，放在盘中即成。

滑子菇炒肉

原料

滑子菇80克，猪肉100克，红彩椒、黄彩椒各20克，蒜末、葱段各少许

调料

盐、鸡粉各2克，生抽3毫升，水淀粉、食用油各适量

做法

1　洗净的红彩椒、黄彩椒切块；猪肉切片；滑子菇洗净，待用。

2　热锅注油，放入猪肉，炒匀，倒入蒜末、葱段，爆香，倒入滑子菇，炒香，倒入红彩椒、黄彩椒，炒匀。

3　加入盐、鸡粉、生抽，炒匀入味。

4　用水淀粉勾芡后盛入盘中即可。

虾皮炒冬瓜

扫扫二维码
轻松同步做美味

原料

冬瓜170克，虾皮
60克，葱花少许

调料

料酒、水淀粉各少
许，食用油适量

做法

1. 将洗净去皮的冬瓜切片，再切粗丝，改切成小丁块，备用。
2. 锅内倒入适量食用油，放入虾皮，拌匀，淋入少许料酒，炒匀提味，放入冬瓜，炒匀，注入少许清水，翻炒匀。
3. 盖上锅盖，用中火煮3分钟至食材熟透。
4. 揭开锅盖，倒入少许水淀粉，翻炒均匀，盛出炒好的食材，装入盘中，撒上葱花即可。

虾仁蒸豆腐

原料

虾仁80克，豆腐块300克，姜片、葱段、葱花各少许

调料

盐、鸡粉、白糖各2克，生粉5克，蚝油3毫升，料酒10毫升，水淀粉少许，食用油适量

做法

1　洗好的虾仁由背部划开，用牙签挑去虾线。

2　把虾仁装入碗中，加少许盐、鸡粉、料酒、生粉，拌匀，淋入少许食用油拌匀，腌渍10分钟，备用。

3　把豆腐块装入盘中，撒上适量盐，备用。

4　把豆腐块放入烧开的蒸锅中，盖上盖，用大火蒸5分钟至熟，取出蒸好的豆腐。

5　用油起锅，放入姜片、葱段、葱花，爆香，倒入虾仁，炒至变色，加入少许清水，炒匀，放入适量盐、鸡粉、白糖、蚝油，炒匀，淋入料酒，炒匀，用水淀粉勾芡。

6　关火后将虾仁盛出，装入碗中，在豆腐上放上虾仁，再淋上锅中剩余的汁即可。

扫扫二维码
轻松同步做美味

豆浆炖上海青金针菇

原料

上海青40克，金针菇50克，豆浆120毫升，油豆腐8克

调料

盐2克

扫扫二维码
轻松同步做美味

做法

1. 备好的油豆腐对切开，再切小块。
2. 洗净的金针菇切去根部，切成小段，余烫后备用。
3. 择洗好的上海青切去根部，切成小段，余烫后备用。
4. 备好一个碗，倒入金针菇、上海青、油豆腐，倒入豆浆，注入适量凉开水，加入盐，用保鲜膜将碗口盖住。
5. 放入微波炉，微波3分钟。
6. 待时间到打开炉门，将食材取出，揭去保鲜膜即可。

莴笋猪血豆腐汤

原料

莴笋100克，胡萝卜90克，猪血150克，豆腐200克，姜片、葱花各少许

调料

盐2克，鸡粉3克，胡椒粉少许，芝麻油2毫升，食用油适量

● 做法

1 洗净去皮的胡萝卜对半切开，切段，再切成片。
2 洗净去皮的莴笋对半切开，切段，再切成片。
3 洗好的豆腐切条，再切成小块。
4 洗净的猪血切成小块，备用。
5 用油起锅，放入姜片，爆香，倒入适量清水烧开，加入少许盐、鸡粉，放入切好的莴笋、胡萝卜，拌匀，倒入豆腐块，加入切好的猪血，盖上盖，用中火煮3分钟，至食材熟透。
6 揭开盖，加入少许胡椒粉，淋入芝麻油，用勺拌匀，略煮片刻，至食材入味。
7 关火后盛出煮好的汤料，装入汤碗中，撒上葱花即可。

扫扫二维码
轻松同步做美味

大枣煮鸡肝

原料

鸡肝150克，大枣5克，葱段、姜片、八角各少许

调料

盐2克，生抽、胡椒粉、料酒各适量

扫扫二维码
轻松同步做美味

做法

1　锅中注入适量清水烧开，倒入鸡肝，淋入料酒，略煮一会儿，氽去血水，捞出氽好的鸡肝，装盘备用。

2　砂锅中注入适量清水，倒入大枣、姜片、葱段、八角、鸡肝，淋入料酒，拌匀。

3　盖上盖，用大火煮开后转小火煮30分钟至食材熟透。

4　揭盖，加入生抽、盐、胡椒粉、拌匀，盛出煮好的菜肴即可。

包菜豆腐蛋汤

原料

包菜60克，豆腐100克，鸡蛋1个，去皮
胡萝卜、茼蒿各10克，大葱段20克，香
菇、木鱼花各15克，水溶土豆粉10毫升

调料

盐2克，生抽5毫升

做法

1 洗净的包菜切块，洗好的大葱段切丁，胡萝卜切圆片，
   洗净的豆腐切片。

2 洗好的茼蒿切去茎，留下茼蒿叶；洗净的香菇去柄，切
   十字花刀成四块。

3 鸡蛋打入碗中，搅匀成蛋液，待用。

4 锅中注入适量清水烧开，放入切好的香菇块、胡萝卜
   片，加入切好的豆腐片、包菜块，放入切好的大葱丁，
   将食材搅匀，煮约1分钟至食材熟透。

5 加入盐，搅匀调味，放入生抽，加入水溶土豆粉，搅匀
   至汤水微稠，倒入蛋液，搅匀成蛋花。

6 关火后盛出汤品，放上茼蒿叶，摆上木鱼花即可。

扫扫二维码
轻松同步做美味

大枣山药排骨汤

原料

山药185克，排骨200克，大枣35克，蒜头30克，水发枸杞15克，姜片、葱花各少许

调料

盐、鸡粉各2克，料酒6毫升，食用油适量

扫扫二维码
轻松同步做美味

做法

1　洗净去皮的山药切粗条，改切滚刀块。

2　锅中注入适量的清水，大火烧开，倒入洗净的排骨，余片刻，去除血水和杂质，将排骨捞出，沥干水分待用。

3　用油起锅，倒入姜片、蒜头，爆香，倒入排骨，快速翻炒均匀，淋上料酒，注入清水至没过食材，拌匀，倒入山药块、大枣，搅拌匀，盖上锅盖，大火煮开后转小火炖1个小时。

4　掀开锅盖，倒入泡发好的枸杞，搅拌匀，盖上锅盖，用大火再炖10分钟至药性析出。

5　掀开锅盖，加入盐、鸡粉，翻炒调味。

6　将炖好的汤盛出装碗，撒上备好的葱花即可。

冬菇玉米须汤

扫扫二维码
轻松同步做美味

原料

水发冬菇75克，鸡肉块150克，玉米须30克，玉米115克，去皮胡萝卜95克，姜片少许

调料

盐2克

做法

1　洗净去皮的胡萝卜切滚刀块，洗好的玉米切段，洗净的冬菇切去柄部。

2　锅中注入适量清水烧开，倒入洗净的鸡块，汆片刻，捞出汆好的鸡块，沥干水分，装入盘中备用。

3　砂锅中注入适量清水烧开，倒入鸡块、玉米段、胡萝卜块、冬菇、姜片、玉米须，拌匀，加盖，大火煮开后转小火煮2小时至熟。

4　揭盖，加入盐，稍稍搅拌至入味，盛出煮好的汤，装入碗中即可。

西红柿虾仁汤

原料

虾仁80克，西红柿60克，葱段、姜丝各3克，香菜少许

调料

食用油、料酒、生抽、蒸鱼豉油各3毫升，白糖3克

做法

1 西红柿横刀切厚片，切条后再改切成丁。

2 取一碗，放入虾仁，加入料酒、生抽、蒸鱼豉油、白糖、食用油、姜丝、葱段，拌匀，腌渍10分钟。

3 将西红柿装入碗中，搅拌均匀，将食材转入备好的杯中，盖上保鲜膜。

4 微波炉备好放在台面上，打开箱门，将杯子放入其中，关上箱门，按"2分"按钮，加热2分钟，再按"开始"加热。

5 打开箱门，将杯子从微波炉中取出，取下保鲜膜，点缀上香菜即可。

扫扫二维码
轻松同步做美味

砂锅鱼头豆腐汤

原料

鲢鱼头600克，豆腐400克，冬笋片35克，姜片20克，蒜苗段25克，水发香菇片少许，高汤适量

调料

盐、白糖各2克，料酒5毫升，生抽、胡椒粉、熟猪油、食用油各适量

做法

1 把处理干净的鲢鱼头斩成相连的两半，两面分别打上一字花刀；洗好的豆腐切成片，装入盘中待用。

2 锅中注入适量清水，用大火烧开，放入豆腐、冬笋片、香菇，搅拌几下，焯1分30秒，去除酸味和杂质，捞出焯好的食材，沥干水分，装入盘中备用。

3 另起锅，注入适量食用油，烧至七成热，放入鱼头，煎半分钟至散出焦香味，将鱼头翻面，略煎片刻后放入姜片，继续煎半分钟至鱼头呈焦黄色，调成小火，加入料酒，倒入高汤，转大火煮沸。

4 将锅中汤料倒入砂煲中，置于旺火上，盖上盖，煮开后转小火炖煮25分钟至汤汁呈奶白色；揭开锅盖，捞去浮沫，加入盐、白糖，放入豆腐、笋片、香菇，转大火，煮至沸，放入蒜苗段，加入生抽、熟猪油、胡椒粉，略煮片刻，关火，端下砂煲即成。

烤苹果

原料

苹果250克，黄油30克，
水发葡萄干20克

调料

白糖20克，红糖10克

做
法

1　洗净的苹果去尾部，切去上部，制成盖子，用V型雕刻
　　刀在苹果盖子上戳几个小洞。

2　将苹果肉挖空，待用。

3　将水发葡萄干沥干水分，放入备好的碗中，放入红糖、
　　黄油，注入适量清水，搅拌均匀，放入苹果中，撒上白
　　糖，盖上果盖，抹上黄油。

4　在备好的烤盘上抹上一层黄油，放上苹果。

5　将烤盘放入烤箱中，温度设置为190℃，调上下火加
　　热，烤40分钟。

6　打开烤箱，将烤盘取出，将烤好的苹果放入备好的盘
　　中，开盖食用即可。

扫扫二维码
轻松同步做美味

怀孕后期这些事情要注意

准妈妈进入孕后期，肚子越发笨重，行动不便，胎宝宝的发育也接近尾声了。此时，除了要做好饮食方面的营养供应，生活中还应小心保胎，预防早产，做好孕后期疾病的防治等，以期顺利诞下小天使。

练习骨盆收缩运动

孕后期尝试练习骨盆收缩运动，可以帮助准妈妈增强骨盆底部的肌肉力量，促进直肠和阴道区域的血液循环，增强阴道的弹性，对于减轻分娩的阵痛有益。

尽量避免长时间仰卧

怀孕后期如果长时间仰卧，膨大的子宫会压迫准妈妈的下腔静脉，影响血液循环，使下肢回流到心脏的血液量减少，引起大脑缺血、缺氧，还会使下肢和外阴发生水肿或静脉曲张。

避免过性生活

孕妇在孕晚期子宫增大很明显，对外界的刺激较为敏感，且容易收缩，应尽量避免机械性的强烈刺激，例如性交。再加上孕晚期羊水量日渐增多，张力加大，在性生活中稍有不慎，就会导致胎膜早破，甚至引发早产。因此，怀孕后期应避免过性生活。

积极防治水肿

怀孕后期，随着宝宝的发育，不断增大的子宫压迫到下腔静脉，使血液循环回流不畅，血管内的液体成分渗出血管，导致水肿，主要出现在下肢部位，有的准妈妈还会出现全身水肿。建议多做按摩、穿弹性裤袜、将双腿抬高、控制盐分摄入，以减轻水肿。

避开易致早产的食物

到了孕晚期，准妈妈很容易出现羊水过少、胎动不安等异常情况，这时一定要避免食用可能引发早产的食物，例如山楂、黑木耳、杏仁、薏米、马齿苋等。此外，辛热性的调味料也要少吃，如茴香、花椒、桂皮、辣椒等。

准妈妈马上就要分娩了，老观念提倡准妈妈多为分娩储备能量；新思想建议准妈妈不要刻意增加食物的摄取量，只需摄取足够的能量，以促进顺利分娩。因此，准妈妈既要吃好，又要掌握好量。

Chapter 6

产前1个月

—— 做好准备，迎接宝宝的到来

妈咪宝贝共同成长日记

Baby

宝宝发育状况

产前 1 个月

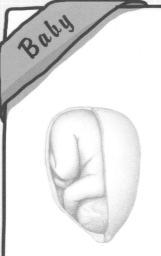

→ 身长50~52厘米，体重为2900~3400克。

→ 体形圆润，皮下脂肪继续增厚，皮肤无皱，呈淡红色。

→ 骨骼结实，头盖骨变硬，指甲越过指尖继续向外生长，头发长出2~3厘米，内脏、肌肉、神经等都非常发达，已完全具备生活在母体之外的条件。

→ 身长约为头的4倍，正常情况下，头部嵌于母体骨盆之内，活动力比较受限。

→ 胎毛消失了，一部分胎脂也消失了，只留下小部分胎脂，以便在出生时更顺利地通过产道。

Mother

妈妈身体变化

产前 1 个月

→ 子宫底高30~35厘米，胎儿的位置有所降低。

→ 腹部凸出部分有稍减的感觉，胃和心脏的压迫感减轻。

→ 膀胱和直肠的压迫感大大增强，尿频、便秘更加严重，下肢也有难以行动的感觉。

→ 身体为生产所做的准备已经成熟，子宫颈和阴道趋于软化，容易伸缩，分泌物增加。

→ 子宫收缩频繁，开始出现生产征兆。

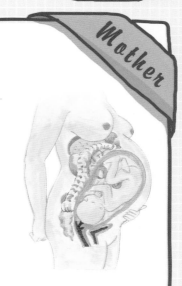

调整饮食，为生产储备能量

孕10月是怀孕十个月的冲刺阶段，最后的胜利就在眼前。分娩需要耗费准妈妈大量的能量和元气，老观念认为，这一阶段更要调整好饮食，为生产做足准备。

保证足够的营养

这个月里，准妈妈的食谱要多种多样，每天保证食用两种以上的蔬菜，保证营养全面均衡。如果此时营养不良，会直接影响临产时的子宫正常收缩，容易发生难产。

少食多餐，多吃易消化的食物

在临近分娩时，产妇可能会因为子宫阵缩带来痛苦而不愿进食。此时，正确的处理方式应是保持少食多餐，吃些容易消化，且高热量、低脂肪的食物，如粥、面条、牛奶、鸡蛋等。

顺产者可以食用巧克力助产

临产相当于一次重体力劳动，产妇必须有足够的能量供给，才能有足够的子宫收缩力把宫颈口开全，从而把胎儿从子宫娩出。分娩时，顺产的产妇可以吃点巧克力来补充体力，剖宫产的产妇术前8小时应该停止进食。

多吃富含锌、钙和维生素 B_2 的食物

准妈妈多吃富含锌和钙的食物可减少分娩时的疼痛，预防分娩前发生痉挛和抽筋。分娩前还应多补充维生素B_2，如果缺乏维生素B_2，会影响分娩时的子宫收缩，使产程延长，分娩困难。

饮食控量，顺产更容易

相比于老观念中强调"吃"的重要性，新的思想认为，到了临产前的这一个月，更多的是需要控制饮食的量。两种观点相辅相成，不可偏废。

不必刻意增加饮食的量

临产前的产妇既不能过于饥渴，也不能暴饮暴食，不必刻意增加每餐饮食的量，只需坚持之前养成的良好饮食习惯，保证全面均衡营养就行。

继续忌口

临产期间，由于宫缩的干扰及睡眠的不足，准妈妈胃肠道分泌消化液的能力降低，所以要继续忌口。最好吃些清淡易消化的食物，不要吃油炸、辛辣等容易上火的食物。水果一次也不要吃得太多。

不要喝脂肪含量过高的汤

汤里的能量大多来自脂肪，而且是饱和脂肪酸，准妈妈喝得多了不但容易长膘，而且对心血管不利，会增大患高血脂、脂肪肝的风险。另外，也不宜喝太多水，以满足身体需要为宜。

应吃流食或半流食

分娩期食物要富于营养，易于消化，最好摄入清淡的流食或半流食，如牛奶、面条、馄饨、鸡汤等。

必需营养素 & 明星食材

不饱和脂肪酸	摄入量：每天30~36克	明星食材：黄豆、花生米、葵花子、核桃、深海鱼类

维生素 C	摄入量：每天130毫克	明星食材：柑橘、柚子、猕猴桃、番石榴、草莓、花菜

维生素 E	摄入量：每天14毫克	明星食材：麦胚油、葵花子油、玉米油、芝麻油、肉类、奶油、奶、蛋

维生素 B_1	摄入量：每天1.5毫克	明星食材：蜂蜜、土豆、鸡蛋、鸭蛋、芹菜、莴笋、猪肾、猪心、猪肝

钙	摄入量：每天1200毫克	明星食材：奶制品、虾皮、芝麻酱、黄豆、雪里蕻、萝卜缨

铁	摄入量：每天20~30毫克	明星食材：动物血、肉类、动物肝脏、葡萄干、花豆、菠菜、小麦、麦芽

铜	摄入量：每天2毫克	明星食材：荞麦、章鱼、牡蛎、鹅肝、杏干、口蘑、蕨菜、豆奶

磷	摄入量：每天2克	明星食材：大米、小米、草鱼、鲫鱼、带鱼、牛肉、鸡肉、羊肉、黄豆、绿豆

西蓝花牛奶粥

原料

水发大米130克，西蓝花25克，奶粉50克

做法

1 沸水锅中放入洗净的西蓝花，焯一会儿，至食材断生后捞出，沥干水分，放凉后切碎，待用。

2 砂锅中注入适量清水烧开，倒入洗净的大米，搅散，盖上盖，烧开后转小火煮约40分钟，至米粒变软。

3 揭盖，快速搅动几下，放入备好的奶粉，拌匀，煮出奶香味，倒入西蓝花碎，搅散，拌匀。

4 关火后盛出煮好的粥，装在碗中即可。

扫扫二维码
轻松同步做美味

三文鱼泥

原料

三文鱼肉120克

调料

盐少许

做法

1. 蒸锅上火烧开，放入处理好的三文鱼肉，盖上锅盖，用中火蒸约15分钟至熟。
2. 揭开锅盖，取出三文鱼，放凉待用。
3. 取一个干净的大碗，放入三文鱼肉，压成泥状，加入少许盐，搅拌均匀至其入味。
4. 另取一个干净的小碗，盛入拌好的三文鱼泥即可。

扫扫二维码
轻松同步做美味

葱花鸡蛋饼

扫扫二维码
轻松同步做美味

原料

鸡蛋2个，葱花少许

调料

盐3克，水淀粉10毫升，鸡粉、芝麻油、胡椒粉、食用油各适量

做法

1 鸡蛋打入碗中，加入鸡粉、盐，再加入水淀粉，放入葱花，加入少许芝麻油、胡椒粉，用筷子搅拌匀。

2 锅中注入适量食用油，烧热，倒入三分之一的蛋液，炒片刻至七成熟。

3 把炒好的鸡蛋盛出，放入剩余的蛋液中，用筷子拌匀。

4 锅中再倒入适量食用油，倒入混合好的蛋液，用小火煎制，中途晃动炒锅，煎约2分钟至有焦香味时翻面，继续煎1分钟至金黄色，盛出装盘即可。

海带绿豆汤

原料

海带70克，水发绿豆80克

调料

冰糖50克

做法

1 洗净的海带切成条，再切成小块。

2 锅中注入适量清水烧开，倒入洗净的绿豆，盖上盖，烧开后用小火煮30分钟，至绿豆熟软。

3 揭开盖，倒入切好的海带，加入冰糖，搅拌均匀。

4 盖上盖，用小火续煮10分钟，至全部食材熟透。

5 揭开盖，搅拌片刻，盛出煮好的汤料，装入碗中即可。

扫扫二维码
轻松同步做美味

猪血蘑菇汤

原料

猪血、水发榛蘑各150克，豆腐155克，白菜叶80克，高汤250毫升，姜片、葱花各少许

调料

盐、鸡粉各2克，胡椒粉3克，食用油适量

做法

1. 洗净的豆腐切块。
2. 处理好的猪血切小块，待用。
3. 用油起锅，倒入姜片，爆香，放入洗净的榛蘑，炒匀，倒入高汤、豆腐块、猪血，加入盐，拌匀。
4. 放入白菜叶，加入鸡粉、胡椒粉，搅拌约2分钟至入味。
5. 关火后盛出煮好的汤，装入碗中，撒上葱花即可。

扫扫二维码
轻松同步做美味

133

清炖牛肉汤

原料

牛腩块270克，胡萝卜120克，白萝卜160克，葱条、姜片、八角各少许

调料

料酒8毫升

做法

1　将去皮洗净的胡萝卜、白萝卜切滚刀块。

2　锅中注入适量清水烧开，倒入洗好的牛腩块，淋入少许料酒，拌匀，用大火煮约2分钟，撇去浮沫，捞出汆好的牛腩，沥干水分，备用。

3　砂锅中注入适量清水烧开，放入备好的葱条、姜片、八角，倒入汆过水的牛腩块，淋入适量料酒，汆去腥味，盖上盖，烧开后用小火煲约2小时，至牛腩变软。

4　揭盖，倒入切好的胡萝卜、白萝卜，再盖上盖，用小火续煮约30分钟，至食材熟透。

5　揭盖，搅拌几下，再拣出八角、葱条和姜片，盛出炖好的汤料，装入碗中即成。

扫扫二维码
轻松同步做美味

银耳大枣糖水

原料

银耳50克，大枣20克，枸杞5克

调料

冰糖15克

做法

1　泡发好的银耳切去根部，用手掰成小朵。

2　取杯子，倒入银耳、大枣，加入冰糖，放入枸杞，注入适量清水，盖上保鲜膜。

3　电蒸锅注水烧开，放入杯子，盖上锅盖，调转旋钮定时蒸45分钟。

4　待时间到揭开盖，将其取出，揭去保鲜膜即可。

扫扫二维码
轻松同步做美味

酸奶玉米茸

原料

玉米粒90克，酸奶
50毫升

做法

1 沸水锅中倒入洗净的玉米粒，汆一会儿至断生，捞出汆好的玉米粒，沥干水分，装盘待用。

2 取出榨汁机，打开盖子，然后倒入汆好的玉米粒，加入酸奶。

3 盖上盖，按下"榨汁"键，榨约30秒成酸奶玉米茸。

4 按下"榨汁"键，停止运作。

5 将榨好的酸奶玉米茸装入杯中即可。

扫扫二维码
轻松同步做美味

生产前这些事情要注意

孕10月，准妈妈随时可能面临生产，除了注意饮食外，生活方方面面都要多加注意，做好一切准备，以迎接即将到来的分娩。

了解分娩知识

产妇应该提前了解分娩的相关知识，包括分娩的具体过程，如三个产程的情况等，这样才能对分娩有一个相对客观的认识，对疼痛也有一个心理准备，到了真正生产之时，就能充分调动起自己的精神力量，配合医生完成生产。

适度运动有利分娩

有些准妈妈担心活动会伤胎，不敢参加劳动或者运动，这是不对的。适当的运动能使准妈妈全身肌肉得到活动，促进血液循环，增强母亲血液和胎儿血液的交换能力；能增强腹肌、腰背肌和骨盆底肌的力量，有效改善盆腔充血的状况；还有助于分娩时肌肉放松，减轻产道的阻力，有助于顺利分娩。

做好分娩前的物品准备

这个月里，分娩时所需要的物品都要陆续准备好，并把它们归纳在一起，放在家人都知道的地方。

产妇的证件：
医疗证、挂号证、劳保或公费医疗证、孕产妇围产期保健卡等。

住院时的用品：
面盆、脚盆、暖瓶、牙膏、牙刷、毛巾、卫生巾、卫生纸、更换衣物等。

婴儿用品：
内衣、外套、包布、尿布、小毛巾、围嘴、垫被、婴儿香皂、体温计、扑粉等。

食物：
分娩时需吃的点心、巧克力、饮料等。

经过辛苦的分娩，新妈妈的身体十分虚弱，可以根据『老观念』来进食以补充体力，同时也需要在『新思想』的指导下合理滋补，只有吃得对、吃得好，才能使身体慢慢恢复到孕前水平。

Chapter 7

——安心坐月子，照顾好宝宝也要照顾好自己

产后 1 个月

这样吃，补体养身又催乳

产后的饮食直接关系到新妈妈的产后恢复和乳汁分泌，如果饮食不当则虚弱的身体会更加脆弱不堪。新妈妈应在科学的饮食原则下满足身体需求，很多老观念都具有科学性，新妈妈可以参考。

● 营养充足，保证热量的摄入

生产过程中妈妈损耗了大量的能量，再加上产后需要照顾宝宝和促进乳汁分泌，身体需要更多的热量来补充能量。如果新妈妈无法摄入足够的热量，就会影响乳汁分泌，宝宝喝不到足够的乳汁，也会影响正常的生长发育。因此，新妈妈在产后可以适当喝一些鸡汤、鱼汤、排骨汤等热量较高的易消化食物。

● 饮食清淡少油，忌吃辛辣、油炸、煎烤食物

产后新妈妈的消化系统会不可避免地受到分娩的影响，此时，不宜食用高脂肪的食物，以免引起消化不良和肥胖，加大产后恢复的困难。产后的饮食要尽量清淡，少放油，多采用蒸、炖、焖、煮等方法烹制，不可用油炸、煎烤等方式制作食物，以免油过多，而且脂肪含量高，容易加重肠胃负担，引发疾病。还要禁止食用辛辣等重口味食物，这些食物可引起内热，引起便秘等不适症状。

● 饮食宜温热，忌生冷和寒凉食物

产后由于新妈妈的激素水平大幅下降，新陈代谢减缓，体质变得较为虚寒，此时的食物应该采取温补的方法，不要吃生冷、寒凉的食物，以免使身体更加虚寒，从而引发疾病。此外，一些生冷食物由于没有经过高温消毒，很容易使新妈妈感染细菌，使抵抗力下降的身体更易患上消化道疾病等。

吃对调体质，边养边瘦

产后怎么调养要根据个人体质而定，只要满足每日的营养需求，并注意日常生活，产后恢复其实并不是件难事。不少人在产后通过饮食调养，既能满足自身的营养需求，还能边吃边瘦，恢复孕前苗条的身形。

增加食物种类，少食多餐

产后的身体恢复和乳汁分泌需要多种营养素，新妈妈应增加食物的种类，以使营养摄入更为全面。虽说食物的种类增多了，但总的量还要保持不变，以免造成脂肪堆积。产后肠胃功能减弱，一次进食过多会增加肠胃负担，还会使新妈妈体重增加，不利于产后身形恢复。建议采取少食多餐的进补方式，每天可以吃6餐，每餐维持在7分饱即可。

红糖水不宜喝太久

红糖中所含的营养成分有助于产后恢复，有活血化瘀、暖胃健脾和利尿的作用，可缓解新妈妈肠胃不适，减少尿潴留的发生。但红糖水不宜喝太久，也不宜多喝，否则会引起恶露增多，导致新妈妈失血量增加。一般来说，产后红糖水喝7~10天即可。

产后大补别过头

产后补过头易使食物在体内转化为脂肪堆积，造成肥胖，引发高血压、糖尿病等疾病，乳汁中的脂肪含量也会过高，易导致宝宝肥胖和慢性腹泻。因此，产后进补要适度。

产后不宜过早喝催乳汤水

催乳汤可以使新妈妈尽快分泌乳汁，以喂养宝宝，但如果产后过早喝催乳汤，就会造成乳汁分泌过快和过多。新生儿往往吃不了那么多，不仅会造成浪费，还会导致新妈妈出现乳房胀痛、乳管堵塞等症状。

必需营养素&明星食材

蛋白质	摄入量： 每天90~95克	明星食材： 瘦肉、鸡肉、鱼、鸡蛋、豆腐、牛奶、核桃

脂肪	摄入量： 每天25克	明星食材： 动物内脏、肥肉、奶制品、动物油、植物油、坚果

维生素 C	摄入量： 每天约100毫克	明星食材： 橘子、柠檬、柚子、西红柿、猕猴桃、胡萝卜、黄瓜

维生素 A	摄入量： 每天1.2毫克	明星食材： 鱼肝油、奶类、蛋类、胡萝卜、红薯、苋菜、杧果

维生素 D	摄入量： 每天10微克	明星食材： 海鱼、动物肝脏、瘦肉、蛋黄、坚果

维生素 B_1	摄入量： 每天1.6毫克	明星食材： 猪肉、牛肉、牛奶、芹菜、花生、黄豆

铁	摄入量： 每天约18毫克	明星食材： 动物肝脏、猪血、瘦肉、蛋黄、菠菜、海带、黑木耳

钙	摄入量： 每天约1200毫克	明星食材： 虾皮、鸡蛋、豆腐、芹菜、黄豆、奶酪、牛奶

大枣补血粥

原料

糯米30克，大枣3克

调料

白糖30克

做法

1. 锅中倒入约800毫升清水烧热，倒入洗净的糯米，放入洗好的大枣，轻轻搅拌均匀。
2. 盖上锅盖，烧开后转小火煮约40分钟，至糯米熟烂。
3. 揭开盖，撒上白糖，搅拌均匀，续煮片刻至白糖完全溶化。
4. 盛出煮好的甜粥，放入汤碗中即成。

扫扫二维码
轻松同步做美味

143

玉米燕麦粥

原料

玉米粉100克，燕麦片
80克

● 做法

1 取一碗，倒入玉米粉，注入适量清水，搅拌均匀，制成
玉米糊。

2 砂锅中注入适量清水烧开，倒入燕麦片，加盖，大火煮
3分钟至熟。

3 揭盖，加入玉米糊，拌匀，稍煮片刻至食材熟软。

4 关火后将煮好的粥盛出，装入碗中即可。

扫扫二维码
轻松同步做美味

花生汤

原料

牛奶218毫升，枸杞7克，水发花生186克

调料

冰糖46克

做法

1　将花生剥皮，留花生肉。

2　热锅注水煮沸，放入花生肉，搅拌一会儿，盖上锅盖，转小火焖煮30分钟。

3　待花生焖干水分，倒入牛奶、冰糖，搅拌均匀，加入枸杞煮沸。

4　烹制好后，关火，将食材捞起，放入备好的碗中即可。

扫扫二维码
轻松同步做美味

核桃仁芹菜炒香干

原料

香干120克，胡萝卜70克，核桃仁35克，芹菜段60克

调料

盐、鸡粉各2克，水淀粉、食用油各适量

做法

1 将洗净的香干切细条形。

2 洗好的胡萝卜切片，再切粗丝，备用。

3 热锅注油，烧至三四成热，倒入备好的核桃仁，拌匀，炸出香味，捞出核桃仁，沥干油，待用。

4 用油起锅，倒入洗好的芹菜段，放入胡萝卜丝，倒入切好的香干，炒匀，加入盐、鸡粉，用大火炒匀调味。

5 倒入适量水淀粉，用中火翻炒至食材入味，再倒入炸好的核桃仁，炒匀，盛出炒好的菜肴，装入盘中即可。

扫扫二维码
轻松同步做美味

蚝油香菇小白菜

原料

小白菜150克，香菇100克

调料

盐2克，蚝油10毫升

做法

1　洗净的小白菜切去根部，装盘。

2　洗好的香菇去柄，底部切花刀成六角形，放在小白菜上。

3　蚝油中放入盐，倒入约20毫升温水，将调料搅匀，淋在小白菜和香菇上，封上保鲜膜。

4　将食材放入微波炉，加热4分钟至熟。

5　取出蒸熟的菜肴，撕开保鲜膜即可。

香菇鸡蛋砂锅

扫扫二维码
轻松同步做美味

原料

水发香菇50克，鸡蛋90克

做法

1 泡发好的香菇去蒂，切成条，再切丁。

2 备好一个小砂锅，倒入鸡蛋，打散搅匀，注入适量清水，快速搅拌均匀，倒入香菇丁，封上保鲜膜。

3 蒸锅注水烧开，放入砂锅，盖上锅盖，定时蒸10分钟，至食材熟透。

4 掀开锅盖，将砂锅取出，去除保鲜膜即可。

血豆腐

原料

北豆腐90克，猪血120克，姜片、蒜末、葱段、香菜各少许

调料

盐、鸡粉各2克，老抽4毫升，五香粉5克，生抽5毫升，水淀粉、食用油各适量

做法

1　备好的北豆腐对切开，切成条，再切方块。

2　洗净的猪血横刀切开，切条，再切成块。

3　锅中注入适量清水，大火烧开，倒入切好的猪血、豆腐，氽片刻，将食材捞出，沥干水分，待用。

4　热锅注油烧热，倒入姜片、蒜末、葱段，爆香，放入五香粉、生抽，注入适量清水，煮至沸，倒入氽好的食材，稍稍搅拌一会儿，淋入老抽，盖上盖，大火焖煮5分钟至入味。

5　掀开盖，放入盐、鸡粉，翻炒调味，淋入水淀粉，翻炒收汁。

6　关火后将菜肴盛出装盘，摆放上香菜即可。

扫扫二维码
轻松同步做美味

香菇蒸鸡翅

原料

鸡翅250克，水发香菇2朵，姜丝、蒜片、葱花各适量

调料

盐1克，白糖2克，料酒、生抽各5毫升，生粉适量

做法

1 鸡翅两面各切开两道口子，香菇取一朵切片。

2 鸡翅装碗，倒入蒜片、姜丝、香菇片，加料酒、生抽、白糖、生粉、盐，腌渍15分钟。

3 取出电饭锅，倒入腌好的鸡翅，放入另一朵完整的香菇，加盖，蒸45分钟。

4 揭盖，将香菇鸡翅装盘，撒上葱花即可。

桑寄生通草煲猪蹄

原料

猪蹄 400 克，桑寄生 15 克，通草、王不留行各 10 克，姜片少许

调料

料酒5毫升，盐2克

做法

1 锅中注水烧开，倒入猪蹄，淋入料酒，氽去杂质，将猪蹄捞出，沥干水分，待用。

2 砂锅中注入适量的清水，大火烧热，倒入猪蹄、桑寄生、通草、姜片，再倒入备好的王不留行，搅拌匀。

3 盖上锅盖，大火煮开后转小火煮3个小时至析出成分。

4 掀开锅盖，加入盐，搅匀调味，将煮好的猪蹄盛出，装入碗中即可。

扫扫二维码
轻松同步做美味

麻油腰花

原料

猪腰2个，姜片、葱段各适量

调料

胡麻油、盐、料酒各少许

做法

1　将猪腰切去白筋，切花刀，待用。

2　锅中注入清水烧开，放入腰花，余片刻，至腰花微微卷起，捞出，放入冷水中浸去血水，备用。

3　锅中倒入胡麻油，放入姜片、葱段，爆香，倒入腰花，大火爆炒。

4　淋入料酒，加入盐，继续大火翻炒几下，关火后盛出即可。

萝卜丝炖鲫鱼

扫扫二维码
轻松同步做美味

原料

鲫鱼250克，去皮白萝卜200克，金华火腿20克，枸杞15克，姜片、香菜各少许

调料

盐、鸡粉、白胡椒粉各3克，料酒10毫升，食用油适量

做法

1　去皮白萝卜切成薄片，改切成丝；金华火腿切成薄片，改切成丝。

2　洗净的鲫鱼两面打上若干一字花刀，往两面抹上适量盐，淋上料酒，腌渍10分钟。

3　热锅注油烧热，倒入鲫鱼，放入姜片，爆香，注入清水，倒入火腿丝、白萝卜丝，拌匀，炖8分钟。

4　加入盐、鸡粉、白胡椒粉，充分拌匀入味，捞出煮好的鲫鱼，淋上汤汁，点缀上枸杞、香菜即可。

葛根木瓜猪蹄汤

原料

葛根、木瓜丝、核桃、黄豆、红豆、花生、莲子各10克，猪蹄块200克

调料

盐2克

做法

1 将葛根和木瓜丝、核桃、黄豆、红豆、花生、莲子分别装入碗中，倒入清水泡发8分钟，捞出，沥干水分，分别装入干净的碗中，备用。

2 锅中注入适量清水烧开，放入猪蹄块，余一会儿至去除血水和脏污，捞出余好的猪蹄块，沥干水分，装入盘中待用。

3 砂锅中注入清水，倒入猪蹄块，放入泡好的食材，拌匀，加盖，大火煮开后转小火煮2小时至有效成分析出。

4 揭盖，加入盐，搅拌片刻至入味。

5 关火后盛出煮好的汤，装入碗中即可。

枣仁补心血乌鸡汤

原料

酸枣仁、怀山药、枸杞、天麻、玉竹各6克，大枣3枚，乌鸡200克

调料

盐2克

做法

1. 将酸枣仁装进隔渣袋里，装入清水碗中，放入大枣、玉竹、天麻、怀山药，搅拌均匀，泡发10分钟，捞出食材，沥干水分，装盘待用。
2. 枸杞装碗，倒入清水泡发10分钟，捞出，沥干水分，装碟备用。
3. 沸水锅中倒入乌鸡块，余一会儿至去除血水和脏污，捞出余好的乌鸡块，沥干水分，装盘待用。
4. 砂锅注入清水，倒入余好的乌鸡块，放入泡好的大枣、玉竹、天麻、怀山药和装有酸枣仁的隔渣袋，加盖，用大火煮开后转小火续煮100分钟至食材熟透。
5. 揭盖，加入泡好的枸杞，搅匀；加盖，煮约20分钟至枸杞熟软。
6. 揭盖，加入盐，搅匀调味，盛出煮好的汤，装碗即可。

月子期这些事情要注意

产后，新妈妈身体十分虚弱，除了饮食调养，日常生活保健也要特别注意。月子期需要注意的事项很多，稍有不慎就有可能加重产后不适，所以在衣、食、住、行上家人都应该给予新妈妈贴心照顾。

产后注意多休息

刚生产完，新妈妈的身体虚弱，要卧床休息，保证每天有8~9个小时的睡眠时间。睡觉的床不可过软，要保护新妈妈的腰部，被子不宜过厚，宜选用棉质或麻质等透气性较好的被子。

月子里也可以洗头洗澡

现在家里一般都安装有热水器、空调等设施，正常情况下，产后3天，新妈妈在温暖、干净的环境中洗头洗澡，对身体不仅没有害处，还可促进血液循环，消除疲劳。需要注意的是，洗头洗澡时，一定要注意保暖，水温要适宜，宜选择淋浴，不宜使用有刺激性的洗发水，洗澡的时间也不宜过长。

尽早下床走动

坐月子并不是要在床上躺一个月，在身体恢复较好的情况下，新妈妈应尽早下床活动，促进宫内瘀血的排出，还可促进肠道蠕动，增加食欲，防治便秘。月子期适当运动对于产后身材恢复也是极好的。

坚持哺乳可以瘦身

产后内分泌会发生变化，肠胃蠕动较慢，新妈妈进补后容易堆积一些脂肪，而母乳喂养的过程中可以消耗掉一部分新妈妈的能量和脂肪，从而达到瘦身的效果。

心情好，食欲好

良好的情绪有利于中枢神经系统和内分泌的调节，从而促进乳汁分泌。此外，新妈妈只有食欲好，才能摄入足够的营养物质，为乳汁分泌提供必要的营养，提高乳汁的质量。